"十二五"普通高等教育本科国家级规划教材
普通高等教育"十一五"国家级规划教材

计算机绘图与三维造型

第 3 版

主编　张　敏　廖希亮
参编　周咏辉　赵晓峰　薛　强
　　　刘素萍
主审　刘日良　刘和山

机械工业出版社

本书共三篇十六章，介绍了计算机辅助绘制二维工程图样、三维实体造型、编程绘图以及软件二次开发技术。其中，二维绘图技术以 AutoCAD 2019 为平台，三维造型技术以交互式 CAD/CAM 软件 UG NX 10.0 为平台。第一篇是二维交互式绘图技术，主要介绍绘图辅助工具（如图层、对象捕捉和自动追踪等），绘制和编辑平面图形、零件图及装配图并标注尺寸和技术要求等内容。第二篇是三维造型技术，主要介绍机械设计基础、基本特征造型、设计特征造型、装配体设计和二维工程图样的生成等内容。第三篇是图形程序设计技术，主要介绍 Visual LISP 编程的基础知识。

本书可作为普通高等院校计算机绘图课程的教材，也可作为其他各类院校相关课程的教材，还可供从事计算机辅助设计的工程技术人员参考。

图书在版编目（CIP）数据

计算机绘图与三维造型/张敏，廖希亮主编. —3 版. —北京：机械工业出版社，2020.7（2021.8 重印）

"十二五"普通高等教育本科国家级规划教材

ISBN 978-7-111-65351-6

Ⅰ.①计… Ⅱ.①张… ②廖… Ⅲ.①计算机制图-高等学校-教材 ②三维动画软件-高等学校-教材 Ⅳ.①TP391.41

中国版本图书馆 CIP 数据核字（2020）第 061812 号

机械工业出版社（北京市百万庄大街 22 号 邮政编码 100037）
策划编辑：刘小慧 责任编辑：刘小慧 戴 琳 余 皞
责任校对：梁 静 封面设计：张 静
责任印制：单爱军
北京虎彩文化传播有限公司印刷
2021 年 8 月第 3 版第 2 次印刷
184mm×260mm·18.5 印张·456 千字
标准书号：ISBN 978-7-111-65351-6
定价：48.00 元

电话服务 网络服务
客服电话：010-88361066 机 工 官 网：www.cmpbook.com
010-88379833 机 工 官 博：weibo.com/cmp1952
010-68326294 金 书 网：www.golden-book.com
封底无防伪标均为盗版 机工教育服务网：www.cmpedu.com

前言

本书是基于高等教育培养高素质和创新型人才的要求，结合现代机械制图、计算机绘图课程的教学实践与教学改革的实际情况而编写的。

以计算机绘图为基础的计算机辅助设计技术已使各个领域的设计产生了革命性变革。计算机绘图技术也已由二维图形绘制阶段进入到三维创新设计的飞速发展阶段。三维造型技术为用户的产品设计及加工过程提供了数字化造型和验证手段，成为实现制造业信息化的关键技术之一。

本书内容分为二维交互式绘图技术、三维造型技术和图形程序设计技术三篇，力求较系统地介绍计算机绘图的基本方法和技术。其中二维交互式绘图技术以 AutoCAD 2019 为平台，三维造型技术以交互式 CAD/CAM 软件 UG NX 10.0 为平台。AutoCAD 广泛应用于土木建筑、装饰装潢、机械制造、电子工业、服装设计等多个领域的二维绘图、设计文档等。UG NX 功能强大，可以轻松地实现各种复杂实体及造型的建构，针对用户的虚拟产品设计和工艺设计的需求，提供了经过实践验证的解决方案。本书的二维绘图部分紧密围绕机械工程图样的绘制过程，结合我国机械制图国家标准，详细介绍了工程图样绘图环境的设置、平面图形绘制与编辑、尺寸与技术要求标注、零件图与装配图绘制等主要内容。三维造型部分详细介绍了零件造型、装配及二维工程图样的生成。本书针对性和实用性强，力求内容简洁、易学易懂。书中包含了大量的示例和习题，以便于学生巩固和熟练应用所学知识。

本书由张敏、廖希亮任主编，由张敏统稿并定稿。编写分工如下：张敏编写第九、十、十一、十二、十三章，廖希亮编写第一、二、三、十四、十五章，薛强编写第四章，赵晓峰编写第五、六、七章，刘素萍编写第八章，周咏辉编写第十六章。

本书由山东大学刘日良教授、刘和山教授主审。

限于编者的水平，书中难免出现不当之处，恳请读者批评指正。

编　者

目录

第三篇　图形程序设计技术

第一篇

二维交互式绘图技术

第一章

绪 论

第一节 计算机绘图的发展和应用

一、计算机绘图的发展概述

计算机绘图（Computer Graphics，CG）是近几十年来发展起来的一门新兴的边缘学科。计算机绘图就是应用计算机通过程序和算法或图形交互软件，在图形显示器上实现图形的显示及绘图输出。计算机绘图是建立在工程图学、应用数学和计算机科学基础之上的一门学科，是计算机辅助设计（Computer Aided Design，CAD）和计算机辅助制造（Computer Aided Manufacturing，CAM）的重要组成部分。计算机绘图的发展有力地推动了 CAD/CAM 的研究和发展，为 CAD/CAM 提供了高效的工具和手段；而 CAD/CAM 的发展又不断提出新的要求和设想，其中包括对计算机绘图的要求。因此，CAD/CAM 的发展与计算机绘图的发展有着密不可分的关系。随着三维几何建模系统的应用以及 CAD/CAM 逐步实现真正的集成化，用户可以随时直观地观察三维模型，并通过集成环境直接控制 CAM 设备完成制造过程。

计算机绘图是随着计算机硬件技术和软件技术的发展而逐步发展并完善起来的。1950年，第一台图形显示器作为美国麻省理工学院（MIT）旋风Ⅰ号（Whirlwind）计算机的附件诞生了，酝酿了计算机绘图的产生。到 20 世纪 50 年代末期，阴极射线管及滚筒式绘图仪的发明，使计算机绘图发展到了一个新的阶段。

1963 年美国麻省理工学院林肯实验室的 I. E Sutherland 在《Sketchpad——一个人机通信的图形系统》的博士论文中首先提出了计算机图形学这一明确的概念，确定了计算机图形学作为一个崭新的学科分支的地位。

20 世纪 60 年代是计算机绘图确立学科地位并得到蓬勃发展的时期，而 70 年代则是这方面技术进入实用化的阶段。直到 20 世纪 80 年代计算机绘图学还是一个很小的学科领域，而到了 90 年代，计算机绘图的功能除了随着计算机图形设备的发展而增强外，其自身还向着标准化、集成化和智能化的方向发展。

我国开展计算机绘图技术的研究始于 20 世纪 60 年代中后期，进入 80 年代以来，我国的计算机绘图无论在理论研究，还是在生产应用中都取得了巨大成就。在图形设备方面，我国现在已能批量生产多种型号和系列的绘图仪、坐标数字化仪和图形显示器等。在绘图软件方面，我国已研制开发出许多专业图形软件，特别是有了自主版权的二维交互绘图系统和三维图形系统，显示了我国计算机绘图技术已达到较高水平。

二、计算机绘图技术的应用

计算机绘图通过近几十年的发展，已经在电子、机械、航空、建筑、轻工、影视等各行各业得到了广泛的应用，取得了巨大的经济效益和社会效益。其主要的应用领域有计算机辅助设计与制造（CAD/CAM）、动画制作与系统模拟、地质与气象的勘探与测量、科学技术及事务管理的交互绘图、化工及冶炼等过程控制及系统模拟、电子印刷及办公室自动化、艺术模拟、科学计算的可视化、工业模拟、计算机辅助教学。计算机绘图是计算机辅助设计的重要组成部分和核心内容，原因在于两个方面：其一，各个领域的设计工作，最后的结果一般都要以"图"的形式来表达；其二，计算机绘图中所包含的三维立体造型技术，是实现先进的计算机辅助设计技术的重要基础。许多设计工作在进行时，首先必须构造立体模型，然后进行各种分析、计算及修改，最终定型并输出图样。所以，要掌握计算机辅助设计技术，首先必须掌握计算机绘图技术。

第二节　计算机绘图系统

计算机绘图系统是计算机硬件、图形输入输出设备、计算机系统软件和图形软件的集合。目前，计算机绘图系统的工作方式是以交互式为主。操作人员通过键盘、光笔、数字化仪、图形显示器等交互设备，控制模型的建立以及图形的生成过程。系统为操作人员与绘图系统之间的交互提供了形象、直观和高效的手段。通过人机对话，模型和图形的生成、显示和修改可以同时进行。

一、计算机绘图系统的功能和组成

计算机绘图系统一般应具有计算、存储、对话、输入、输出五方面的基本功能。

（1）计算功能　计算机绘图系统具有形体设计、分析的算法程序库和描述形体的数据库。其中最基本的功能应有点、线、面的表示及其交、并、差运算，几何变换，光、色模型的建立和计算，干涉检测等内容。

（2）存储功能　计算机的存储器中能存放图形的几何信息及拓扑信息，并能够对图形信息进行实时检索、增加、删除、修改等操作。

（3）对话功能　计算机绘图系统通过图形显示器直接进行人-机对话，实现在显示屏幕上对图形进行修改、跟踪检索、错误提示等实时操作。

（4）输入功能　系统能够把图形设计和绘制过程中所需的有关定位、定形尺寸及必要的参数和命令输入到计算机中。

（5）输出功能　系统能够及时地输出所需的文字、图形、图像等信息。

二、图形设备

图形设备分为图形输入设备和图形输出设备两种。

1. 图形输入设备

（1）键盘　键盘可实现输入字符、数字、命令、程序等操作。

（2）鼠标　鼠标是一种移动光标和做选择操作的计算机输入设备。它可以对当前屏幕上的移动光标进行定位，并通过按键和滚轮装置对光标所经过位置的屏幕元素进行操作。

（3）数字化仪　数字化仪是一种将图形转换成计算机能接受的数字信息的设备，其基本工作原理是采用电磁感应技术。它由一块布满金属栅格阵列的板和一个能够在板上移动、跟踪的电子定位器（如光笔或游标）组成。当定位器在板上移动时，它向计算机发送笔尖或游标中心的坐标数据。

（4）图形扫描仪　图形扫描仪是直接把图形（如工程图样）和图像（如照片）扫描并输入到计算机中，以像素信息进行存储表示的设备。其工作原理是：用光源照射原稿，反射光线经过一组光学镜头射到感光元件上，经过模/数转换，可将数字化的图像信息输入到计算机中。

（5）光笔　光笔是一种检测装置，确切地说是能检测出光的笔。它的外形像一支圆珠笔，笔尖有一个小孔，头部装有透镜系统，可将收集到的光信号通过光导纤维及光电倍增管转换成电信号。其功能为定位、拾取、笔画跟踪等。

2. 图形输出设备

（1）图形显示器　图形显示器是常见的图形输出设备。它可以显示字符、程序和图形。图形显示器有阴极射线管式（CRT）、随机扫描式、存储管式、光栅扫描式和液晶显示式等多种。

（2）绘图仪　绘图仪是计算机绘图的硬拷贝设备。按绘图的原理分，绘图仪可分为笔式绘图仪和静电绘图仪。笔式绘图仪有滚筒式和平板式两种。绘图仪的作用是把显示器上显示的各种图形绘制在绘图纸上，从而形成工程图样。

（3）打印机　打印机是一种常见的图形、文字输出设备，按工作原理可分为撞击式和非撞击式。前者又称为针式打印机，特点是打印成本低，但噪声大。非撞击式打印机有喷墨打印机、激光打印机等，打印速度快、噪声低、打印效果好。

三、图形软件

计算机绘图系统必须有功能齐全和方便用户使用的图形软件的支持，才能完成图形的生成、处理及输入输出等过程。图形软件系统概括起来主要有以下三种：

1. 图形子程序包

图形子程序包是一些用计算机程序设计语言编写的图形子程序集。这些子程序分别经过编译和调试通过后集中在一起，组成一个程序库（或称图形库）。这类程序包很多，使用较为广泛的有图形标准化程序包，便于提高计算机图形软件以及相关软件的程序在不同的计算机和图形设备之间的可移植性。广泛使用的图形标准化程序包有 GKS（Graphics Kernel System，计算机图形核心系统）、PHIGS（Programmer's Hierarchical Interactive Graphics System，程序员层次交互式图形系统）、GL（Graphics Library，图形程序库）。

2. 扩充某一种计算机语言，使其具有图形生成和处理功能

具有图形生成和处理功能的计算机语言很多，如 Turbo Pascal、Turbo C、AutoLisp 等，即在相应的计算机语言中扩充了图形生成及控制的语句和函数。

3. 交互式绘图软件

交互式绘图软件是在图形程序包的基础上，配置了一个友好的用户界面，为用户提供具有实时交互绘图能力的图形软件系统。这个用户界面通常是以各类菜单和对话框的形式为用

户提供实时交互命令，以实现对图形的输入、输出、编辑、标注、设备控制等多种操作，使用直观、方便。国内外成功地开发了许多二维和三维绘图软件，其中美国 Autodesk 公司的 AutoCAD 软件系统是一个通用的交互式绘图软件，从 1982 年推出 1.0 版，到 1999 年推出了 AutoCAD 2000 版本，其后 AutoCAD 2004、AutoCAD 2008 等相继推出，历经几十个版本的更新，功能日趋完善。目前在机械设计与制造领域应用较广泛的三维造型软件有 SolidEdge、SolidWorks、Pro/E、UG NX 等。我国也不断开发出具有自主版权的绘图软件。目前，应用较为广泛的是 CAXA。CAXA 软件从 CAXA 电子图板 98 和 CAXA 电子图板 2000 到现在的 2018 版，产品包括数字化设计（DD）、数字化制造（ESM）以及产品全生命周期管理（PLM）解决方案和工业云服务等。其中与计算机绘图相关的模块包括二维 CAD（电子图板）模块和三维 CAD（实体设计）模块。

习　　题

1-1　简述计算机绘图系统的组成。

1-2　简述常用图形设备的原理和功能。

第二章

AutoCAD 2019入门

第一节　AutoCAD 概述

AutoCAD 是美国 Autodesk 公司开发的一种通用计算机辅助设计与绘图软件。早期的版本只是基于 DOS 操作系统的绘制二维图形的简单工具。1994 年推出的 AutoCAD R13 是第一代以 Windows 为平台的版本，但它也兼顾了 DOS 操作系统。1997 年推出的 AutoCAD R14 完全抛弃了 DOS 平台，开始全面支持 Windows 95/NT 操作系统。AutoCAD 2008 版实现了向 Windows/Objects/Web 的战略性转移，体现了 CAD 技术的发展趋势。

在众多的计算机绘图软件中，AutoCAD 由于具有功能强、适用面广、易学实用和便于二次开发等特点在国内外被广泛采用，成为最具有代表性的设计与绘图软件。AutoCAD 具有如下优点：①提供了丰富的作图功能，操作简便，绘图精确；②具有强大的图形编辑功能，用户可对图形进行缩放、移动、复制、镜像、旋转等操作；③提供了设计中心、图层工具、属性工具等辅助设计工具；④真正实现了关联尺寸标注；⑤能够通过多重布局功能实现多样化输出；⑥拥有方便的协作设计环境；⑦具备强大的三维显示和实体编辑功能。AutoCAD 使设计和绘图工作变得轻松自如。

Autodesk 公司是世界领先的设计和数字内部创建资源提供商，提供软件和网络服务。为了拓宽 AutoCAD 的应用领域，从 1993 年夏季起，Autodesk 公司以设计自动化为主题，先后推出了极具应用价值的软件群体，包括 3ds Max、AutoCAD Designer、AutoSurf、AutoCAD Data Extension、Auto Vision、Animator Studio、AutoCAD MAP、Mechanical Desktop（MDT）。Autodesk 公司的产品在世界范围内拥有广泛的市场，从某种意义上说，AutoCAD 代表了一种新的设计文化。

在我国，AutoCAD 已经被广泛应用于机械、建筑、电子、运输、城市规划等有关的工程设计中。其主要应用包括：在机械设计中，可设计和绘制产品图样，开发某些产品的 CAD 软件；在土木建筑中，可设计房屋，绘制各种单元设计图、施工图，开发建筑方面的 CAD 软件；在电子设计中，可设计集成电路、印制电路板等；在文化艺术中，可制作艺术造型等；在商业中，可进行服装设计、商标设计等。

第二节　AutoCAD 2019 基本功能

AutoCAD 具有良好的用户界面，通过交互菜单或命令行方式可以进行各种操作，即使非计算机专业人员也能很快学会使用，并在实践过程中更好地掌握它的各种应用和开发技巧，不断提高效率。

AutoCAD 2019 具有广泛的适应性，支持 Windows 7、Windows 8、Windows 10 的 32 位和 64 位系统，主要用于二维绘图、设计文档和基本三维设计。软件主要提供如下功能：

1）强大的图形绘制功能：提供创建直线、圆、圆弧、曲线、文本、表格和尺寸标注等多种图形对象的功能。

2）精确定位和定形功能：提供坐标输入、对象捕捉、栅格捕捉、追踪、动态输入等功能，用这些辅助功能可以精确地对图形对象定位和定形。

3）参数化绘图功能：提供了参数化绘图功能，能对设计的图形对象进行几何约束和标注约束，并确保在对象参数修改后还保持原设计图形特定的关联及尺寸关系。

4）方便的图形编辑功能：提供了复制、旋转、阵列、修剪、倒角、缩放、偏移等实用的编辑工具，大大提高了绘图效率。

5）图形输出功能：提供了缩放、平移等屏幕显示工具，以及模型空间、图纸空间、布局、图纸集、发布和打印等功能，极大地丰富了出图选择。

6）三维造型功能：可使用实体、曲面和网格对象创建三维模型。

7）辅助设计功能：可以查询绘制好的图形的长度、面积、体积和力学特性。

第三节　AutoCAD 2019 用户界面

在 Windows 或 Windows NT 下，单击"开始"按钮，然后选择"程序"→"Autodesk"→"AutoCAD 2019"，单击即可启动 AutoCAD 2019。或者直接双击桌面上的"AutoCAD 2019"图标启动。

启动 AutoCAD 2019 后，进入 AutoCAD 2019 起始界面，如图 2-1 所示。可以单击"开始绘制"进入工作界面（如图 2-2 所示），也可以进行其他操作，如"打开文件"等。

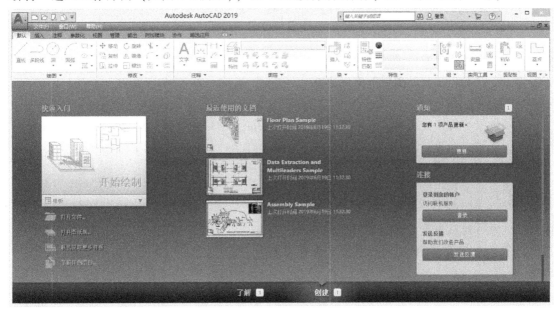

图 2-1　AutoCAD 2019 起始界面

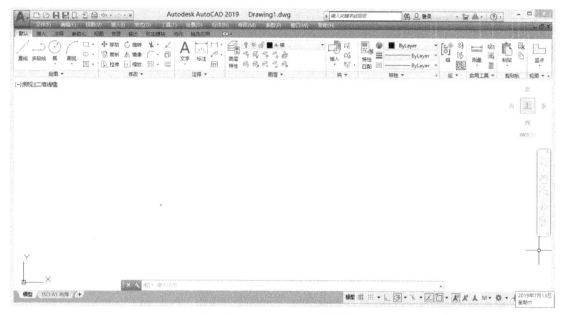

图 2-2　AutoCAD 2019 工作界面

提示:

通过单击界面下方状态栏中的"显示图形栅格"按钮（或按功能键<F7>），可以将界面中显示的网格线关闭，如图 2-3 所示。

图 2-3　图形栅格的显示与关闭

AutoCAD 工作界面由标题栏、工具栏、菜单栏、功能区、绘图窗口、坐标系图标、命令行窗口、状态栏、菜单浏览器等组成。

1. 标题栏

标题栏位于窗口的上部，显示当前正在运行的应用程序和当前图形文件的名称。在第一次启动程序时，创建并打开的文件名称为"Drawing1.dwg"（参见图 2-2）。

2. 快速访问工具栏

快速访问工具栏位于用户界面的左上角，用于存储经常用到的命令，如图 2-4 所示。单击快速访问工具栏最后的三角符号可以展开下拉菜单，用户可以自定义在快速访问工具栏中显示或取消相关命令。

图 2-4　快速访问工具栏

3. 菜单栏

菜单栏在标题栏下方，包括"文件""编辑""视图""插入""格式""工具""绘图"

"标注""修改""参数""窗口""帮助"菜单，如图2-5所示。

图2-5 菜单栏

若启动 AutoCAD 程序时，菜单栏不显示，可以单击快速访问工具栏中的"显示菜单栏"选项调出菜单栏，如图2-6所示。

在菜单栏中，每个菜单包含数目不等的子菜单，有些子菜单还包含下一级子菜单，图2-7所示为"绘图"菜单。利用菜单能够执行 AutoCAD 的大部分命令。

图2-6 快速访问工具栏的自定义　　　**图2-7 "绘图"菜单中的命令**

4. 功能区

功能区是一个紧凑的选项板，位于绘图区上方，如图2-8所示。在默认情况下，功能区包括"默认""插入""注释""参数化""视图""管理""输出""附加模块"等选项卡。每个选项卡由若干功能区组成，集成了大量的操作工具，单击功能区中的命令按钮可以执行相应的命令，极大方便了用户的操作。

图2-8是"默认"选项卡中包含的功能区，包括"绘图""修改""注释""图层""块""特性""组"等。

图2-8 功能区

如果要控制显示或关闭功能区，可以在功能区上单击鼠标右键，然后在弹出的快捷菜单上单击相应的功能区名称，如图2-9所示。

图2-9 功能区的显示与关闭

将光标放在命令按钮上将出现该命令的功能提示，如图2-10所示，在显示出提示后再停留约2s的时间，又会显示出扩展的功能提示，对相应的命令给出更为详细的说明，如图2-11所示。

有的命令按钮下方带有"三角"符号，表示执行该命令包括多种方式，用户可以根据需要选择合适的方式执行该命令。图2-12所示为执行"圆"命令的多种方式。

功能区中的工具栏是浮动的，用户可以将其拖放到工作界面的任意位置。

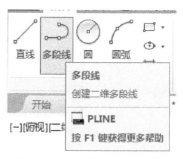

图2-10 命令按钮的功能提示

图2-11 命令按钮的扩展提示

图2-12 命令执行方式的选择

5. 坐标系图标

坐标系图标用于表示当前绘图所使用的坐标系形式及坐标方向。AutoCAD 提供了世界坐标系（World Coordinate System，WCS）和用户坐标系（User Coordinate System，UCS）两种坐标系。世界坐标系为默认坐标系，且默认水平向右为 X 轴正向，垂直向上为 Y 轴正方向。

6. 命令行窗口

命令行窗口显示用户输入的命令和提示信息。默认设置下，AutoCAD 在命令行窗口保留所执行的最后三行信息。用户可以通过单击下拉菜单的"工具"→"命令行"，在弹出的对话框中选择打开或关闭命令行窗口，如图 2-13 所示。

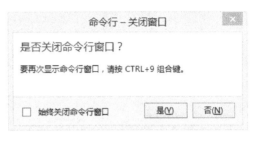

图 2-13　打开或关闭命令行窗口

7. 状态栏

状态栏位于绘图区的右下角，用于设置并显示当前的绘图环境，如图 2-14 所示。按钮从左向右分别表示栅格显示、捕捉模式选择、正交模式、极轴追踪、对象追踪、三维对象捕捉、对象捕捉追踪等。将光标放置到按钮上时，系统会显示与该按钮对应的状态说明。单击某一按钮可以实现启用或关闭对应功能，实现功能切换。按钮显示为蓝色表示启用对应功能，显示为灰色表示该功能关闭。

图 2-14　状态栏

第四节　AutoCAD 2019 文件操作命令

本节介绍一些图形文件的管理命令、退出命令及帮助系统。

一、用"新建"（New）命令创建一幅新图

"新建"命令有下列激活方法：

1）执行下拉菜单"文件"→"新建"。

2）单击标准工具栏中的"新建"按钮；

3）在"命令"提示符下键入"new"。

激活"新建"命令之后，在默认情况下 AutoCAD 2019 将显示【选择样板】对话框，如图 2-15 所示。要从头开始建立一个新图形文件，应在命令行中输入"startup"命令，按 <Enter> 键后，再输入系统变量值 1（默认值为 3）。此时选择"文件"→"新建"命令，将打开【创建新图形】对话框，如图 2-16 所示。该对话框提供四种方式创建新图：

1）打开（Open）一幅旧图。

2）用默认设置（Start from Scratch）创建一幅新图。

3）使用样板（Use a Template）创建一幅新图。

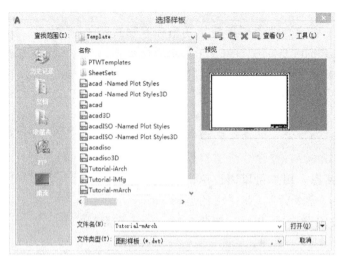

图 2-15 【选择样板】对话框

4）使用向导（Wizard）创建一幅新图。

提示：

下次启动 AutoCAD 系统时，系统变量"startup"的值将保持为此次设置的值"1"，如果恢复为默认值 3，需要再次执行"startup"命令。

图 2-16 【创建新图形】对话框

二、用"打开"（Open）命令打开一幅旧图

"打开"命令有下列激活方法：

1）执行下拉菜单"文件"→"打开"。

2）单击标准工具栏（Standard Toolbar）中的"打开"按钮。

3）在"命令"提示符下键入"open"。

激活"打开"命令后，AutoCAD 2019 显示【选择文件】对话框，如图 2-17 所示。

图 2-17 【选择文件】对话框

三、用"保存"（Save）、"另存为"（Save as）、"快存"（Qsave）命令保存图形

当第一次保存一幅新图时，可以执行下拉菜单"文件"→"保存"，或者单击标准工具栏中的"保存"按钮，也可以在"命令"提示符下键入"save"，这时 AutoCAD 2019 显示【图形另存为】对话框，如图 2-18 所示。在"保存于"下拉列表框中选择恰当的文件夹，然后在"文件名"文本框中键入图形文件的名字。文件名最长可达 256 个字符，允许有空格和标点符号。AutoCAD 2019 自动添加".dwg"作为文件扩展名。

图 2-18　【图形另存为】对话框

在图形的绘制过程中，每隔一段时间都要保存一次图形，这时可以执行下拉菜单"文件"→"保存"，或者单击标准工具栏中的"保存"按钮，或者在"命令"提示符下键入"qsave"。因为当前图形已命名，AutoCAD 2019 直接存储图形而不要求提供文件名，不显示【图形另存为】对话框。

如果把当前图形另存为一个新文件，可执行下拉菜单"文件"→"另存为"，或者在"命令"提示符下键入"save as"或"save"，这时 AutoCAD 2019 显示【图形另存为】对话框，以便键入图形文件的新名字。新命名的文件成为当前处理的文件，原图形文件自动关闭。

四、帮助系统

AutoCAD 2019 的帮助系统可以帮助用户深入了解其功能和使用方法。帮助系统主要有下列调用方法：

1）在命令的执行过程中可按<F1>键调用联机帮助。"帮助"命令是一个透明命令，即可在其他命令的执行过程中嵌套使用。

2）通过工具栏或下拉菜单直接打开 AutoCAD 2019 帮助系统，检索命令与系统变量相关的信息。

五、退出 AutoCAD 2019

要退出 AutoCAD 2019，有下列方法：

1）单击菜单"文件"，选择"退出"选项。

2）在"命令"提示符下键入"exit"或"quit"。

3）单击标题栏右侧的关闭按钮。

如果图形自上次存储之后未做变动，则执行"exit"和"quit"命令都将直接退出当前图形。如果图形已被改变，则 AutoCAD 2019 显示一个对话框，如图 2-19所示，提醒用户在退出前保存或放弃所做的改动。

图 2-19　退出前的提示

习　　题

2-1　怎样启动、关闭 AutoCAD 2019？

2-2　简述 AutoCAD 2019 用户界面的组成。

2-3　怎样新建、打开、保存一个 AutoCAD 2019 图形文件？

第三章

AutoCAD绘图基础

本章主要介绍 AutoCAD 绘图的基础知识，包括绘图环境的设置、命令的输入方法、坐标系统以及数据的输入方法。

第一节 绘 图 环 境

在绘制 AutoCAD 图形之前，应首先设置其绘图环境。设置 AutoCAD 的绘图环境包括设置图形单位、图形界限以及图层的建立。

一、设置图形界限

用户可根据需要设置绘图的界限。命令的执行方式有单击下拉菜单"格式"→"图形界限"，或者直接输入命令"Limits"。

执行设置绘图界限命令后，命令行提示如下：

命令：Limits

重新设置模型空间界限：

指定左下角点或[开(ON)/关(OFF)] <0.0000,0.0000>：

"指定左下角点"为默认项，用来设置新绘图界限的左下角的位置。用户直接按回车键响应，即确定绘图界限的左下角位置，这时 AutoCAD 提示：

指定右上角点 <420.0000,297.0000>：

按回车确定绘图界限右上角的位置，即可获得默认设置的 A3 图幅。

利用"Limits"命令的开关选项可以打开或关闭边界检验功能。如果执行"开（ON）"项，AutoCAD 打开边界检验功能，这时用户只能在规定的区域内绘图，若超出范围，Auto-CAD 将拒绝执行。如果执行"关（OFF）"项，AutoCAD 关闭边界检验功能，用户绘图将不受指定范围的限制。

二、设置绘图单位

用户可根据需要设置绘图的单位。命令的执行方式有单击下拉菜单"格式"→"单位"，或者直接输入命令"Units"。

执行设置绘图单位命令后，弹出如图 3-1 所示的【图形单位】对话框，用户可通过此对话框设置绘图时使用的单位。对话框中各项功能如下：

（1）"长度"选项组 "长度"选项组用来设置绘图时的长度类型和精度，用户根据需要进行设置。

（2）"角度"选项组 "角度"选项组用于设置角度的单位类型与精度，其中"顺时针"复选框用来确定角度的正方向。

（3）"方向"按钮 单击对话框中的"方向"按钮，AutoCAD 弹出如图 3-2 所示的【方向控制】对话框，此对话框用来确定角度的零度方向。其中"东""北""西""南"分别表示以东、北、西、南作为角度的零度方向。如果单击"其他"项，则表示以其他方向作为角度的零度方向，此时可以直接在"角度"文本框中键入零度方向与 X 轴正方向的夹角值，也可以单击相应的按钮，以拾取的方法确定零度方向。

图 3-1 【图形单位】对话框　　　　　图 3-2 【方向控制】对话框

三、建立图层

AutoCAD 2019 中图层有如下特征参数：图层名称、线型、线宽、颜色、打开/关闭、冻结/解冻、锁定/解锁、打印特性，每一层都围绕这几个参数进行调整。

1. 建立新图层

单击"图层"选项卡中的图层特性管理器按钮 ，出现【图层特性管理器】对话框，

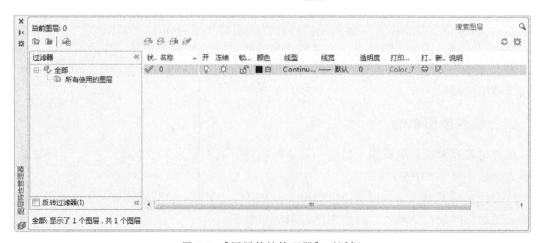

图 3-3 【图层特性管理器】对话框

如图 3-3 所示。单击新建按钮 将在图层列表中自动生成一个新层，名称为"图层 1"，此时"图层 1"反白显示，用户可以直接通过键盘输入图层新名称，如"中心线"，按回车键，建立一个新层。

用同样的方法，可以建立其他的新层，单击 确定 按钮可以退出此对话框。

提示：

1）0 层是默认层，这个层不能被删除或改名，在没有建立新层之前，所有的操作都是在此层上进行的。

2）可以通过下拉菜单"格式"→"图层"建立新图层。

3）目前，图层的命名、线型、颜色、线宽等在我国还没有统一的标准，因此在设置图层参数时，个人或单位应以方便使用和区分为原则。

2. 修改图层名称、颜色、线型和线宽

每一个图层都应该被指定一种颜色、线型和线宽，以便与其他的图层区分开，若需要改变图层的这些参数，可以进入到【图层特性管理器】对话框中进行修改。

新建的图层默认名称为"图层 1"，可以设置为其他名称，如"轮廓线层""虚线层""中心线层""尺寸线层"等。单击"图层 1"所在的行使其变蓝，然后在名称"图层 1"处单击，使名称反白，进入文本输入状态，重新输入名称即可。

若要改变图层颜色，可以单击"颜色"列中相应的颜色块 ，弹出【选择颜色】对话框，如图 3-4 所示，为图层选择一种颜色后，单击 确定 按钮退出【选择颜色】对话框。

单击相应"线型"列中的线型 Continuous，弹出【选择线型】对话框，如图 3-5 所示。

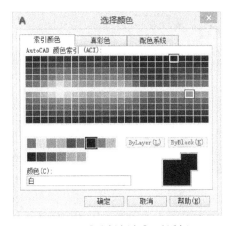

图 3-4　【选择颜色】对话框

图 3-5　【选择线型】对话框

若对话框中没有合适的线型选项，单击 加载(L)... 按钮进入【加载或重载线型】对话框，如图 3-6 所示。AutoCAD 2019 提供了丰富的线型，它们被存放在线型库"acad. lin"文件中，可以根据需要从中选择一种线型，然后单击 确定 按钮进行加载。另外，还可以建立自己的线型，以适应特殊需要。

例如选择了"CENTER"线型，单击 确定 按钮，返回【选择线型】对话框时，新线型在列表中出现，如图 3-7 所示，选择"CENTER"，单击 确定 按钮，该图层便具有

图 3-6 【加载或重载线型】对话框

图 3-7 【选择线型】对话框

了这种线型。

线宽的改变是通过单击"线宽"列中的 ——默认 ，弹出【线宽】对话框，如图 3-8 所示，选择合适的线宽，单击 确定 按钮，线宽被赋予该图层。

3. 设置当前层与删除图层

正在使用的图层称为当前层，图形的绘制就在当前层上进行。可在【图层特性管理器】对话框中设置某图层为当前层，选中某图层，单击"当前层"按钮 ，则选中的图层即被设置为当前层。

图 3-8 【线宽】对话框

提示：

1）如果已经退回到绘图界面，可以单击 💡☀🔓■ 0 右侧的 ▼ 按钮，在"图层"下拉列表中选择要设置为当前层的图层。

2）有的图层可以被删除。在【图层特性管理器】对话框中选择欲删除的图层，单击 ✖ 按钮。

3）0 层、当前层和含有图形实体的层不能被删除。当删除这几种图层时，系统会给出警告信息。

4. 图层的其他特性

（1）打开/关闭图层　为了方便图样的编辑，可以适时地关闭一些图层。被关闭的图层在屏幕上不能显示，也不能被编辑及参与打印输出。关闭的层可以被重新打开，参与处理过程中的运算。

单击 💡☀🔓■ 0 右侧的 ▼ 符号，在下拉列表中单击关闭图层的小灯泡按钮 💡 ，使之由黄变蓝，该图层被关闭；反之，图层打开。

提示：

"打开/关闭图层"命令也可以在【图层特性管理器】对话框中进行操作，方法相同。

（2）冻结/解冻图层　图层被冻结，该图层上的图形不能被显示、绘制，也不能被编辑或打印输出，并且不能参与图形间的运算；解冻，反之。

单击 💡 ☀ 🔓 ■ 0 　　　右侧的 ▼ 符号，在下拉列表中单击冻结图层的冻结按钮 ☀ |，使它变成淡蓝色 ❄ ，图层被冻结；反之，图层解冻。

提示：

1）"冻结/解冻图层"命令可以在【图层特性管理器】对话框中进行操作，方法相同。

2）当前层不能被冻结，被冻结的层不能设置为当前层。如果冻结当前层，系统会给出如图3-9所示的警告提示。

（3）锁定/解锁图层　图层锁定后并不影响图样的显示，可以在该层上绘图，可以捕捉到图层上的点，可以把它打印输出，也可以改变层的颜色和线型、线宽，但图样不能被修改。

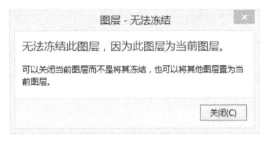

图3-9　警告提示框

图层锁定/解锁的方法与冻结/解冻的方法相同。锁定的图标是 🔒 ，解锁的图标是 🔓 。

（4）打印特性　打印特性的改变只决定图层是否打印，并不影响别的性质。打印图标是 🖨 ，不打印的图标是 🚫🖨 。设置的方法与图层的锁定/解锁方法相同。

5. 设置与使用图层的技巧

1）图样上的所有图形元素可以按照一定的规律来组织整理，在足够使用的前提下图层的数量越少越好。一般对于机械制图可以建立粗实线层、中心线层、虚线层、细实线层、尺寸层、文字层、剖面线层。在绘图时，根据类别将图形元素放到相应的图层中。

2）图层有很多属性，如颜色、线型、线宽等。一般不同的图层应使用不同的颜色，如粗实线层为绘制可见轮廓线的图层，一般应选择黑/白色（与绘图区背景色相反）。

3）图层中的图形元素应统一使用图层的颜色和线型等属性，一般不能定义单独的属性。

第二节　命令的输入方法

使用AutoCAD 2019绘图需要输入命令和相应的参数，系统才能按照输入的命令进行操作。

常用的输入命令方法有以下几种：

1. 单击命令按钮法

单击命令按钮法是在绘图时最常用的方法。如绘制直线可以直接单击"绘图"功能区上的"直线"命令按钮。

2. 下拉菜单法

有时可采用下拉菜单方法代替单击命令按钮法。

3. 键盘输入法

AutoCAD 中所有的命令都可以用键盘输入，对于键盘输入熟练的用户，这种方法不失为一种简单迅速的方法，特别是那些用命令按钮和下拉菜单都无法快速实现的命令。例如圆整命令"viewers"，当放大观察绘制的圆时，就会发现圆弧并不是圆弧，而是由一段段的线段组成，执行圆整命令，可提高圆显示百分比，数值越大，圆就越圆滑。

在软件二次开发时，只有熟悉命令的原文，才能在编程中灵活运用。

4. 重复刚执行完的命令

按回车键或空格键可以重复刚执行完的命令。假设刚执行完"直线"命令，按回车键或空格键将重复执行"直线"命令。或者按鼠标右键，弹出快捷菜单，如图 3-10 所示，选择"重复 LINE"选项即可。

图 3-10　快捷菜单

第三节　坐标系统和数据输入方法

当进入 AutoCAD 2019 的界面时，系统默认的坐标系统是世界坐标系。坐标系图标中标明了 X 轴和 Y 轴的正方向，如图 3-11 所示，输入的点就是依据该坐标系进行定位的。

一般输入坐标进行定位时，常用到绝对坐标输入和相对坐标输入。

一、绝对坐标输入

绝对坐标是指相对于当前坐标系原点的坐标。

通常，用到的绝对坐标输入方法有绝对直角坐标输入和绝对极坐标输入。

绝对极坐标输入的方法在用户坐标系下用得比较广泛，在世界坐标系下一般用不到。这里着重介绍绝对直角坐标输入。

要在屏幕上确定一点，可以通过键盘输入 X 轴的坐标值和 Y 轴的坐标值，两值中间必须用半角的逗号","隔开，这就是绝对直角坐标输入。

例如，已知某点的 X 轴坐标值为 50，Y 轴坐标值为 30，执行点的坐标输入为"50，30"。

用绝对直角坐标绘制如图 3-12 所示的矩形。

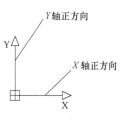

图 3-11　坐标系图标

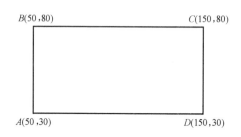

图 3-12　矩形图

单击"直线"命令按钮，命令行提示：

命令：_line 指定第一点：50,30　/输入 A 点的绝对坐标值。

指定下一点或［放弃(U)］：50,80　/输入 B 点的绝对坐标值。

指定下一点或［放弃(U)］：150,80　/输入 C 点的绝对坐标值。

指定下一点或［闭合(C)/放弃(U)］：150,30　/输入 D 点的绝对坐标值。

指定下一点或［闭合(C)/放弃(U)］：50,30　/输入 A 点的绝对坐标值,这时图形封闭。

指定下一点或［闭合(C)/放弃(U)］：　/按回车键结束命令。

下面用绝对极坐标来绘制如图 3-13 所示的图形。绝对极坐标由极半径和极角构成，点的绝对极坐标的极半径是该点与原点之间的距离，极角是该点与原点的连线与 X 轴正方向的夹角，逆时针方向为正。在 AutoCAD 2019 中绝对极坐标按"极半径<极角"格式输入。

单击"直线"命令按钮，命令行提示：

命令：_line 指定第一点：0,0　/输入 A 点的绝对坐标值。

指定下一点或［放弃(U)］：100<60　/输入 AB 的长度及夹角 60°。

指定下一点或［放弃(U)］：50<0　/输入 AC 的长度及夹角 0°。

指定下一点或［闭合(C)/放弃(U)］：C　/输入字母 C 并按回车键封闭三角形。

提示：

输入时，应该输入绘制点与原点之间连线的长度和连线与 X 轴正方向的夹角，中间必须用半角的"<"隔开。在 AutoCAD 中，系统默认的 0°是 X 轴的正方向，逆时针旋转为正值；反之，为负值。

二、相对坐标输入

相对坐标是指相对于前一坐标点的坐标，常用到的相对坐标输入有相对直角坐标输入和相对极坐标输入。

1. 相对直角坐标输入

相对直角坐标输入与绝对直角坐标输入的方法基本相同，只不过 X、Y 轴的坐标值是相对于前一点的坐标值之差，并且要在输入坐标值的前面加上"@"符号。

图 3-14 中已知 A 点的绝对直角坐标值，B、C、D 点的坐标值就可以用相对直角坐标输入。

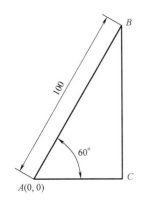

图 3-13　直角三角形

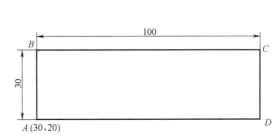

图 3-14　标注尺寸的矩形

单击"直线"命令按钮，命令行提示：

命令：_line 指定第一点：30,20　/输入 A 点坐标。

指定下一点或［放弃(U)］:@0,30 　/输入 B 点相对于 A 点的坐标值。

指定下一点或［放弃(U)］:@100,0 　/输入 C 点相对于 B 点的坐标值。

指定下一点或［闭合(C)/放弃(U)］:@0,-30 　/输入 D 点相对于 C 点的坐标值。

指定下一点或［闭合(C)/放弃(U)］:C 　/输入 C 并按回车键,封闭图形。

"@0,30"中的"0"是 B 点的 X 轴坐标值与 A 点的 X 轴坐标值之差,"30"是 B 点的 Y 轴坐标值与 A 点的 Y 轴坐标值之差。此例通过相对直角坐标输入确定点非常方便,但要特别注意相对坐标的输入以及相对坐标值的算法,另外要注意坐标值的正负号问题。

2. 相对极坐标输入

绘制如图 3-15 所示的直角三角形。

执行"直线"命令,命令行提示:

命令:_line 指定第一点:40,40 　/输入 A 点坐标值。

指定下一点或［放弃(U)］:@40<180 　/输入 B 点相对于 A 点的长度及夹角。

指定下一点或［放弃(U)］:@80<60 　/输入 C 点相对于 B 点的长度及夹角。

指定下一点或［闭合(C)/放弃(U)］:C 　/输入 C 并按回车键,封闭图形。

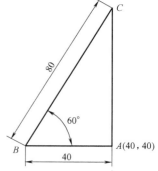

图 3-15　30°直角三角形

习　　题

3-1　绝对直角坐标与相对直角坐标的输入有何不同?

3-2　绝对极坐标与相对极坐标有何不同?

3-3　建立绘制零件图所需的图层。

第四章

基本绘图

本章主要介绍 AutoCAD 的基本绘图命令，这些命令主要集中在"默认"选项卡的"绘图"功能区中。

第一节　基本绘图命令

一、直线

直线是构成图形的基本元素。执行"直线"命令后，命令行提示如下：

命令:_line

指定第一点:100,100

指定下一点或［放弃(U)］:150,200

指定下一点或［放弃(U)］:200,100

指定下一点或［闭合(C)/放弃(U)］:250,200

指定下一点或［闭合(C)/放弃(U)］:/按回车键

绘制结果如图 4-1 所示。

按顺序依次输入图形的各个端点，最后按回车键结束命令。在绘制过程中，如果点的坐标值输入错误，可以输入字母"U"并按回车键，撤销上一次操作，重新输入，不必重新执行"直线"命令。如果要绘制封闭图形，不必输入最后一个封闭点，而直接键入字母"C"，按回车键即可。

绘制水平或垂直线，可以单击状态栏上的"正交"按钮，在确定了直线的起始点后，用光标控制直线的绘制方向，直接输入直线的长度即可。利用正交工具可以方便地绘制如图 4-2 所示的图样。

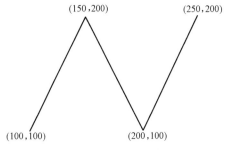

图 4-1　直线的绘制

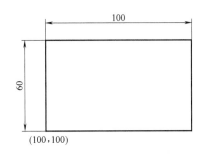

图 4-2　绘制矩形

执行"直线"命令，命令行提示：

命令:line

指定第一点:100,100

指定下一点或［放弃(U)］:

　　单击状态栏上的按钮或者使用功能键<F8>，开启正交状态，这时光标只能在水平或竖直方向移动，向上拖动光标，确定直线的走向沿 *Y* 轴正方向，输入长度值"60"后按回车键。

　　用同样的方法确定其余直线的方向，输入长度值：

指定下一点或［放弃(U)］:100

指定下一点或［放弃(U)］:60

指定下一点或［闭合(C)/放弃(U)］:100

指定下一点或［闭合(C)/放弃(U)］:/按回车键

提示：

　　建议长度值不要输入负号，要画的线向哪个方向延伸，就把光标向哪个方向拖动，然后输入长度值即可。

二、圆及圆弧

　　圆及圆弧是作图过程中经常遇到的两种基本实体，AutoCAD 提供了六种绘制圆的方法，十一种绘制圆弧的方法。

1. 圆的绘制

　　如图 4-3 所示，确定圆的形状和位置需要两个参数：圆心坐标和半径（或直径）。

　　单击"圆"命令按钮，命令行提示如下：

命令:_circle

指定圆的圆心或［三点(3P)/两点(2P)/相切、相切、半径(T)］:50,100 /输入圆心坐标。

指定圆的半径或［直径(D)］<28.7022>:50 /输入半径。

提示：

　　要执行"圆"命令，可以在命令行输入命令的缩写"c"，并按回车键。

　　下面介绍其余五种绘制圆的方法：

　　（1）圆心、直径法　这种方法与"圆心、半径法"类似，即确定圆心，输入圆的直径。单击"圆"命令按钮，命令行提示如下：

命令:_circle

指定圆的圆心或［三点(3P)/两点(2P)/相切、相切、半径(T)］:50,100

指定圆的半径或［直径(D)］<50.0000>:d /改用指定直径法。

指定圆的直径 <100.0000>:100 /输入圆的直径值。

　　绘制结果如图 4-3 所示。

提示：

　　此命令也可以通过单击"绘图"功能区中的"圆心，直径"按钮来执行。

　　（2）三点法　三点绘圆法要求输入圆周上的三个点来确定圆。

　　执行"圆"命令，命令行提示：

命令:_circle

指定圆的圆心或［三点(3P)/两点(2P)/相切、相切、半径(T)］:3p

指定圆上的第一个点:50,50

指定圆上的第二个点:100,100

指定圆上的第三个点:150,50

绘制结果如图 4-4 所示。

提示:

此命令也可以通过单击"三点"按钮◯来执行。

（3）两点法　两点法中两点连成的直线构成圆的直径，圆心和直径均由此确定。图 4-5 所示的圆就是用两点法绘制的。

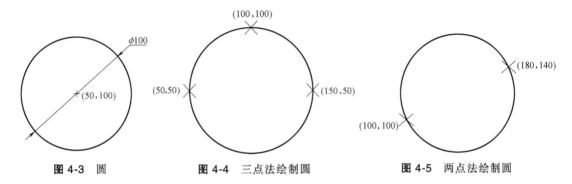

图 4-3　圆　　　　图 4-4　三点法绘制圆　　　　图 4-5　两点法绘制圆

执行"圆"命令，命令行提示如下:

命令:_circle

指定圆的圆心或［三点(3P)/两点(2P)/相切、相切、半径(T)］:2p

指定圆直径的第一个端点:100,100

指定圆直径的第二个端点:180,140

提示:

此命令也可以通过单击"绘图"功能区中的"两点"按钮◯执行。

（4）TTR 法　　TTR 法就是"切线、切线、半径"法。用这种方法时要确定与圆相切的两个实体，并且要指定圆的半径。图 4-6 所示是用 TTR 法绘制与两个已知圆相切的圆。

执行"圆"命令，命令行提示如下:

命令:_circle

指定圆的圆心或［三点(3P)/两点(2P)/相切、相切、半径(T)］:ttr

指定对象与圆的第一个切点:/移动光标到已知圆 1 的下半部,出现拾取切点符号⚬... 时,单击鼠标左键,如图 4-7 所示。

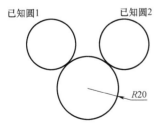

图 4-6　TTR 法绘制圆

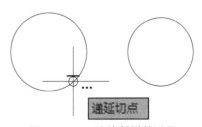

图 4-7　TTR 法绘制圆的过程

指定对象与圆的第二个切点：/移动光标到已知圆2的下半部，出现拾取切点符号 ⌐... 时，单击鼠标左键。

指定圆的半径 <44.7214>：20/输入圆的半径。

提示：

1）如果输入圆的半径过小，系统绘制不出圆，在 AutoCAD 的命令行中会给出提示"图形圆不存在"，并退出绘制命令。

2）如果在已知圆的上半部拾取切点，圆将绘制在已知两圆的上方，绘制圆的位置与拾取点的位置有关。

3）此命令也可以通过单击"绘图"功能区中的"相切，相切，半径"按钮 ◯ 执行。

（5）TTT法　TTT法就是"切线、切线、切线"法。用此命令绘制圆时，要确定与圆相切的三个实体。例如绘制如图4-8所示的圆，步骤如下：

单击"绘图"功能区中的"相切，相切，相切"按钮 ◯，命令行提示：

命令：_circle

指定圆的圆心或［三点（3P）/两点（2P）/相切、相切、半径（T）］：_3p

指定圆上的第一个点：_tan 到/选择三角形的第一条边

指定圆上的第二个点：_tan 到/选择三角形的第二条边

指定圆上的第三个点：_tan 到/选择三角形的第三条边

在选择切点时，移动光标至相切实体，系统会出现相切符号 ⌐... ，出现相切符号时单击鼠标左键拾取。

提示：

用三点法结合后面讲的"切点捕捉"命令，也能达到TTT法绘制圆的效果。

2. 圆弧的绘制

AutoCAD中提供了十一种绘制圆弧的方式，可以通过控制圆弧的起点、中点、圆弧方向、圆弧所对应的圆心角、终点、弦长等参数，来控制圆弧的形状和位置。本章只介绍最常用到的绘制圆弧的三种方式。在以后的章节中，将学到用"倒圆"和"修剪"命令来间接生成圆弧。

（1）三点法　三点法绘制圆弧时，依次输入圆弧的起点、中间点和终点，通过起点和终点确定圆弧的弦长，中间点确定圆弧的凸度，如图4-9所示。

图4-8　三角形内切圆

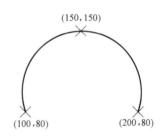

图4-9　三点法绘制圆弧

单击"绘图"功能区中的"圆弧"命令按钮，命令行提示如下：

命令：_arc

指定圆弧的起点或［圆心（C）］：100,80

指定圆弧的第二个点或［圆心（C）/端点（E）］：150,150

指定圆弧的端点：200,80

（2）起点、终点、半径法 用这种方法绘制圆弧时必须知道或求出圆弧的半径、圆弧的起始坐标。绘制如图4-10所示的圆弧。

执行"圆弧"命令，命令行提示如下：

命令：_arc

指定圆弧的起点或［圆心（C）］：220,100/输入起点坐标值。

指定圆弧的第二个点或［圆心（C）/端点（E）］：e/选择输入终点。

指定圆弧的端点：100,100/输入终点坐标值。

指定圆弧的圆心或［角度（A）/方向（D）/半径（R）］：r/选择输入半径。

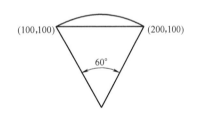

图4-10 凸圆弧

指定圆弧的半径：90/输入圆弧半径值。

提示：

1）单击"绘图"功能区中的"起点，端点，半径"命令按钮也能执行。

2）如果输入的起点坐标为（100,100），终点坐标为（220,100），绘制出来的圆弧将如图4-11所示。这是因为AutoCAD中默认的圆弧正方向为逆时针方向，圆弧沿正方向生成。

（3）起点、终点、角度法 用这种方法绘制任意圆心角对应的圆弧时，只要确定了圆弧的起点与终点，输入圆心角即可。圆弧也是从起点到终点按逆时针方向生成，如图4-12所示。

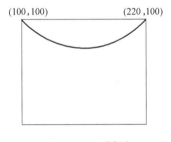

图4-11 凹圆弧

图4-12 起点、终点、角度法绘制圆弧

执行"绘制圆弧"命令，命令提示如下：

命令：_arc

指定圆弧的起点或［圆心（C）］：200,100

指定圆弧的第二个点或［圆心（C）/端点（E）］：e

指定圆弧的端点：100,100

指定圆弧的圆心或［角度（A）/方向（D）/半径（R）］：a

指定包含角：60

三、矩形

AutoCAD中提供了直接绘制矩形的命令，利用该命令绘制矩形时，只要确定矩形的两个对角点位置，矩形就会自动生成。对角点的选择没有先后顺序，这使得执行"矩形"命令相当灵活。

绘制如图4-13所示的矩形。

单击"矩形"命令按钮，命令行提示如下：

命令：_Rectang

指定第一个角点或［倒角（C）/标高（E）/圆角（F）/厚度（T）/宽度（W）］：100,100

指定另一个角点或［面积（A）/尺寸（D）/旋转（R）］：300,200

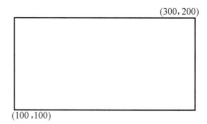

图4-13　矩形

四、椭圆及椭圆弧

1. 椭圆的绘制

常用的绘制椭圆方法有两种：

（1）已知中心、长轴与短轴的一个端点　用这种方法绘制椭圆时，椭圆的中心，以及椭圆长、短半轴的长度是已知的。绘制如图4-14所示的椭圆。

单击"绘图"功能区中的"椭圆"命令按钮，命令行提示如下：

命令：_ellipse

指定椭圆的轴端点或［圆弧（A）/中心点（C）］：c/选择输入椭圆中心点方式。

指定椭圆的中心点：200,200/输入椭圆中心点。

指定轴的端点：@70,0/输入横轴一端点坐标。

指定另一条半轴长度或［旋转（R）］：@0,30/输入纵轴一端点坐标。

（2）已知某一轴的两端点与另一轴的端点到椭圆中心的距离　用这种方法绘制椭圆必须知道椭圆的一条轴的全长和另一条轴的半轴长。图4-15所示的椭圆可以这样绘制：

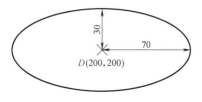

图4-14　椭圆（一）

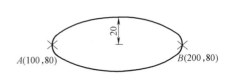

图4-15　椭圆（二）

在"绘图"功能区中单击"椭圆"命令按钮，命令行提示如下：

命令：_ellipse

指定椭圆的轴端点或［圆弧（A）/中心点（C）］：100,80/输入横轴端点A的坐标。

指定轴的另一个端点：200,80/输入横轴端点B的坐标。

指定另一条半轴长度或［旋转（R）］：20/输入另一条轴的半轴长度。

2. 椭圆弧的绘制

在AutoCAD中可以方便地绘制出椭圆弧。绘制椭圆弧的方法与上述椭圆绘制方法基本相似。执行"椭圆弧"命令，按照提示首先创建一个椭圆，然后按照提示，在已有椭圆的基础上截取一段椭圆弧。

创建椭圆弧的方法如下：

执行"绘图"→"椭圆"→"圆弧"命令，命令行提示如下：

命令：_ellipse

指定椭圆的轴端点或［圆弧（A）/中心点（C）］：a

指定椭圆弧的轴端点或［中心点（C）］:/指定椭圆轴的一个端点。

指定轴的另一个端点:/指定椭圆轴的另一个端点。

指定另一条半轴长度或［旋转（R）］:/指定另一个半轴的长度。

指定起点角度或［参数（P）］:/指定椭圆弧开始的角度,也可以指定开始点。

指定端点角度或［参数（P）/夹角（I）］:/指定椭圆弧结束的角度,也可以指定结束点。

五、正多边形

在 AutoCAD 中，绘制正多边形时可以指定正多边形的边数（边数取值在 3～1024 之间）、正多边形是圆内接还是圆外切，以及内接圆或外切圆的半径大小，从而绘制出符合要求的正多边形。

绘制如图 4-16 所示的正六边形。

单击"绘图"功能区中的"正多边形"按钮，命令行提示如下：

命令:_polygon

输入边的数目 <4>:6 /输入边数。

指定正多边形的中心点或［边（E）］:100,100 /输入中心坐标值。

输入选项［内接于圆（I）/外切于圆（C）］<I>:/按回车键设为圆内接(直接按回车键表示:选择默认值)。

指定圆的半径:@0,20 /输入内接圆半径。

设为圆外切多边形，输入同样的坐标值，比较一下生成图形的差别。

执行"正多边形"命令,命令行提示如下：

命令:_polygon

输入边的数目 <6>:

指定正多边形的中心点或［边（E）］:100,100

输入选项［内接于圆（I）/外切于圆（C）］<I>:c

指定圆的半径:@0,20

生成的图形如图 4-17 所示。

通过这两幅图的比较，可以发现正多边形的方向控制点规律：控制点 *A* 对圆内接时为正多边形的某一角点，而对圆外切时则为正多边形一条边的中点。利用该规律绘制图 4-18 所示的正五边形。

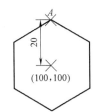

图 4-16 圆内接正六边形

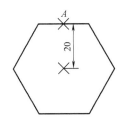

图 4-17 圆外切正六边形

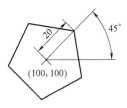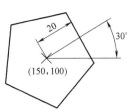

图 4-18 控制多边形的方向

提示：

多边形绘制过程中，控制点的确定用相对极坐标比较方便。

六、其他图形

1. 多段线的绘制

多段线（Polyline）是 AutoCAD 绘图中常用的一种实体。可以绘制由若干直线和圆弧连接而成的折线或曲线，无论这条多段线中包含多少段直线或圆弧，整条多段线是一个实体，可以对其进行整体编辑。另外，多段线中各段线条还可以有不同的线宽，可用于箭头的绘制。

AutoCAD 中，绘制多段线的命令是"Pline"。启动"Pline"命令有两种方式：

1）在"绘图"功能区中单击"多段线"按钮。

2）在命令行"命令："提示符后输入"Pline"（或缩写"pl"）。

启动"多段线"命令之后，AutoCAD 命令行出现提示符"指定起始点："，需要用户定义多段线的起点。之后，命令行出现一组选项序列如下：

当前线宽为 0.0000。

指定下一个点或［圆弧（A）/半宽（H）/长度（L）/放弃（U）/宽度（W）］：

下面分别介绍这些选项。

1）圆弧（A）：可以绘制圆弧方式的多段线。输入"a"，按回车键，出现下列命令选项，用于生成圆弧方式的多段线。

［角度（A）/圆心（CE）/闭合（CL）/方向（D）/半宽（H）/直线（L）/半径（R）/第二个点（S）/放弃（U）/宽度（W）］：

在该提示下，可以直接确定圆弧终点，拖动十字光标，屏幕上会出现预显线条。各选项含义如下：

① 角度（A）：用于指定圆弧所对的圆心角。

② 圆心（CE）：指定圆弧圆心。

③ 闭合（CL）：该选项自动将多段线闭合，即将选定的最后一点与多段线的起点连起来，并结束命令。

④ 方向（D）：取消直线与弧的相切关系设置，改变圆弧的起始方向。

⑤ 直线（L）：返回绘制直线方式。

⑥ 半径（R）：指定圆弧半径。

⑦ 第二个点（S）：指定三点绘制圆弧。

其他各选项与"多段线"命令下的同名选项意义相同，下面统一介绍。

2）半宽（H）：该选项用于指定多段线的半宽值，AutoCAD 将提示用户输入多段线的起点半宽值与终点半宽值。绘制多段线的过程中，每一段都可以重新设置半宽值。

3）长度（L）：定义下一段多段线的长度，AutoCAD 将按照上一线段的方向绘制这一段多段线。若上一段是圆弧，将绘制出与圆弧相切的线段。

4）放弃（U）：取消刚绘制的那一段多段线。

5）宽度（W）：该选项用来设定多段线的宽度值。选择该选项后，将出现如下提示：

指定起点宽度 <5.0000>：/起点宽度。

指定终点宽度 <5.0000>：/终点宽度。

提示：

起点宽度值均以上一次输入值为默认值，而终点宽度值则以起点宽度为默认值。

2. 样条曲线的绘制

样条曲线是由用户给定若干点，AutoCAD 自动生成的一条光滑曲线。在 AutoCAD 的二维绘图中，样条曲线主要用于波浪线、相贯线、截交线和自由曲线的绘制，必须给定三个以上的点。

"样条曲线"命令选项"公差"的功能是：当拟合公差的值为零时，样条曲线严格通过用户指定的每一点。当拟合公差的值不为零时，AutoCAD画出的样条曲线并不一定通过用户指定的每一点，而是自动拟合生成一条圆滑的样条曲线，拟合公差值是生成的样条曲线与用户指定点之间的最大距离。

下面通过图4-19来说明"样条曲线"命令的用法。

执行"绘图"功能区中的"样条曲线"命令，命令行提示如下：

命令:_SPLINE

当前设置:方式＝拟合　节点＝弦

指定第一个点或［方式(M)/节点(K)/对象(O)］:/利用最近点捕捉,选择最近点,即第1点。

输入下一个点或［起点切向(T)/公差(L)］:/选择第2点。

输入下一个点或［端点相切(T)/公差(L)/放弃(U)］:/选择第3点。

输入下一个点或［端点相切(T)/公差(L)/放弃(U)/闭合(C)］:/指定下一点,按回车键。

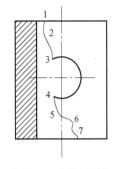

图4-19　画波浪线

同样，4、5、6、7点的波浪线也如此绘出。还可以绘制一整条波浪线，然后执行"修剪"命令，剪掉多余的线条。"修剪"命令见本书第六章。

第二节　图 案 填 充

AutoCAD的"图案填充"功能可用于绘制剖面符号、表面纹理或涂色。AutoCAD为用户提供了丰富的填充图案，同时还允许用户自己定义填充图案。

一、命令的执行方式

进行图案填充时，首先要确定填充的边界，且填充区域必须是封闭的区域。

通常可以使用以下三种方法执行"图案填充"命令：

1）选择下拉菜单"绘图"→"图案填充"。

2）单击"绘图"功能区中的"图案填充"按钮 。

3）在命令行键入"hatch"命令。

利用前两种方法执行"图案填充"命令后，将打开"图案填充创建"选项卡，如图4-20所示。在该选项卡中可以设置填充边界、填充图案等参数。一般地，在"图案"选项组中选择通用的剖面符号图案"ANSI31"；在"特性"功能区中可以根据填充区域的大小选择填充比例（默认的比例为1），角度可以选择0（默认）或90。也可以单击"选项"功能区右下角的箭头调出【图案填充和渐变色】对话框，如图4-21所示，设置参数。

用命令行方式键入命令"hatch"后，系统将提示"拾取内部点或［选择对象(S)/放弃(U)/设置(T)］:"。此时一般键入"T"，启用"设置"选项，打开【图案填充和渐变色】对话框（图4-21a），单击对话框右下角的 按钮，扩展原来隐藏的对话框选项，如图4-21b所示。此对话框提供了两个选项卡（"图案填充"和"渐变色"）和一些命令按钮。用户可以在此对话框中定义边界、图案类型、图案特性以及填充对象的属性，利用对话框执行"图案填充"命令。

图 4-20 "图案填充创建"选项卡

a) 基本对话框

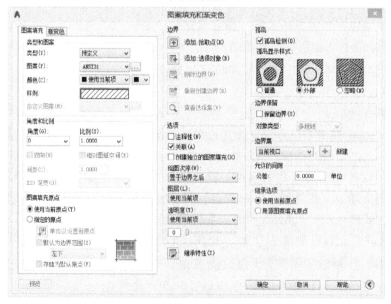

b) 扩展对话框

图 4-21 【图案填充和渐变色】对话框

二、参数的选择

【图案填充和渐变色】对话框中对应的选项与"图案填充创建"选项卡相同。

1."图案填充"选项卡

在【图案填充和渐变色】对话框的"图案填充"选项卡中，用户可以定义填充图案的外观。它包括以下控件：

1)"类型"下拉列表框："类型"下拉列表框可以设置填充图案的类型，它有三个选项：预定义、用户定义和自定义。

"预定义"选项指定一个预定义的 AutoCAD 填充图案。用户可以控制任何预定义图案的比例系数和旋转角度。

"用户定义"选项允许用户用当前线型定义一个简单的图案。

"自定义"选项可用于其他自定义填充图案。

2)"图案"下拉列表框："图案"下拉列表框中列出了可用的预定义图案名称，如图 4-22 所示。最后使用的六个预定义图案会出现在列表的顶部。"图案"下拉列表框只有在"类型"下拉列表框中选择了"预定义"时才可以用。

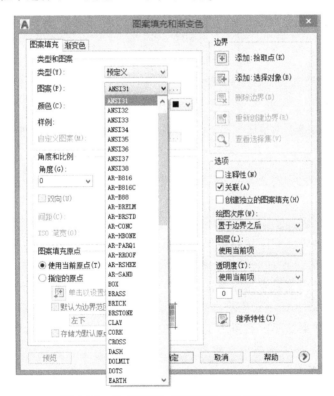

图 4-22 从"图案"下拉列表中选择图案

单击"图案"下拉列表框后的 ⋯ 按钮，将显示【填充图案选项板】对话框，如图 4-23 所示。在该对话框中共有四个选项卡："ANSI""ISO""其他预定义"和"自定义"。每个选项卡中列出了以字母顺序排列、用图像块来表示的填充图案和实体填充颜色。

3)"样例"编辑框：显示了所选填充图案的预览图像。单击该框也将显示如 4-23 图所示的【填充图案选项板】对话框。

4）"角度"下拉列表框：可以让用户指定填充图案相对于当前 UCS（用户坐标系）的 X 轴的旋转角度，如图 4-24 所示。

5）"比例"下拉列表框：用于设置填充图案的比例系数，以使图案的元素更稀疏或更紧密，参见图 4-24。

6）"间距"文本框：用于指定用户定义图案中线的间距。此选项只有在"类型"下拉列表中选择了"用户定义"时才可用。

7）"ISO 笔宽"下拉列表框：用于设置 ISO 预定义图案的笔宽。此选项只有在"类型"下拉列表中选择了"预定义"并且选择了一个可用的 ISO 图案时才可用。

图 4-23　【填充图案选项板】对话框

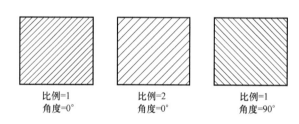

比例=1　　　　比例=2　　　　比例=1
角度=0°　　　　角度=0°　　　　角度=90°

图 4-24　具有不同比例和角度值的填充图案

2. "渐变色"选项卡

【图案填充和渐变色】对话框中的"渐变色"选项卡定义了 AutoCAD 如何创建及填充边界。

3. "选项"选项组

1）关联：用于确定填充图案与边界的关系。填充的图案与填充边界保持关联关系，图案填充后，当用户修改边界对象时将会更新。

2）注释性：指定图案填充为注释性。此特性会自动完成缩放注释过程，从而使注释能够以正确的大小在图纸上打印或显示出来。

3）创建独立的图案填充：当指定了几个独立的闭合边界时，该选项用来控制是创建单个图案填充对象，还是多个图案填充对象。

4. "孤岛"选项组

单击"选项"右侧的三角符号，可以在扩展对话框中选择孤岛检测的方式。

孤岛检测方式包括"普通孤岛检测"、"外部孤岛检测"和"忽略孤岛检测"三种样式。如果没有内部边界存在，则指定的孤岛检测样式将没有任何效果。

"普通孤岛检测"样式将从最外边区域开始向内填充，在交替的区域间填充图案。

"外部孤岛检测"样式将从最外边区域开始向内填充，遇到第一个内部边界后即停止填充，仅仅对最外边区域进行填充。

"忽略孤岛检测"样式将忽略所有内部对象,对最外端边界所围成的全部区域进行图案填充。

三种样式的填充效果如图 4-25 所示。

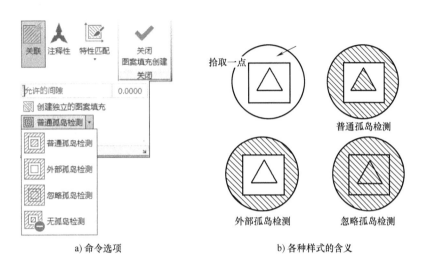

a) 命令选项   b) 各种样式的含义

图 4-25 孤岛显示样式

5. "边界"选项组

1)"添加:拾取点"按钮:通过拾取边界内部一点而确定边界的方法进行图案填充,由封闭区域中的已有对象确定填充的边界。使用此按钮时,怎样填充将根据"渐变色"选项卡中的"孤岛显示样式"来选择。

单击"添加:拾取点"按钮将暂时关闭【图案填充和渐变色】对话框,然后 AutoCAD 提示:

拾取内部点或 [选择对象(S)/删除边界(B)]: /在图案填充区域内拾取一个点。

拾取内部点或 [选择对象(S)/删除边界(B)]: /选择一个点,也可以输入"U"放弃选择或按回车键结束选取。

图 4-26 给出了一个通过在边界内拾取一个点来填充图案的示例。

提示:

当拾取点时,边界图形必须封闭,若不封闭 AutoCAD 会给出如图 4-27 的提示。

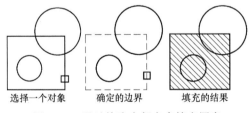

选择一个对象   确定的边界   填充的结果

图 4-26 通过拾取内部点来填充图案

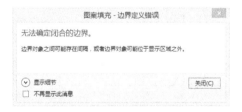

图 4-27 不封闭警告框

2)"添加:选择对象"按钮:用选取对象确定边界的方法进行图案填充。

单击"添加:选择对象"按钮,将暂时关闭对话框。AutoCAD 提示:

选择对象: /选择一个对象并按回车键结束选取。

如果有内部对象，则当用户通过使用选择对象的方法来确定填充对象时，AutoCAD 不会自动检测内部对象。用户必须自己通过选择内部对象从而确定内部的对象是否作为填充边界（选择内部对象，则该对象作为填充边界；不选，则该对象不作为填充边界），然后 AutoCAD 再根据当前的孤岛显示样式来填充图案。

填充内部有文字的区域时，可以方便地使 AutoCAD 不填充所选文字并在文字的周围留有一部分空白区域以使文字更易读，如图 4-28 所示。这样文字对象就可以清晰显示。

图 4-28 填充有文字的区域

习　题

4-1 简要回答以下问题：

1）在 AutoCAD 中系统默认的角度的正方向和圆弧的形成方向是逆时针还是顺时针？

2）用"正多边形"命令绘制正多边形时有两个选择：圆内接和圆外切。试问用这两种方法怎样控制正多边形的方向？

4-2 绘制如图 4-29 所示的图形。

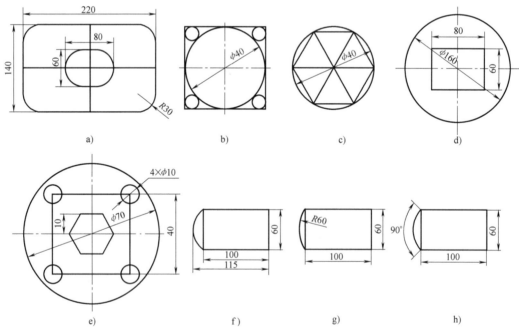

图 4-29 绘图练习

第五章

精确绘图工具

与手工绘图相比，AutoCAD 绘图的优点之一就是更加精确。在绘图时使用 AutoCAD 所提供的精确绘图工具，可以准确地捕捉到某些特殊点，如直线的端点、中点、圆心点、象限点等，大大提高了绘图速度。本章主要介绍目标捕捉、栅格及栅格捕捉、自动追踪、正交模式设定等 AutoCAD 所提供的一系列精确绘图辅助工具，以及与精确绘图配合使用的显示控制工具。

精确绘图工具的功能键如表 5-1 所示。

表 5-1　功能键对应的命令

功　能　键	按　　钮	功　　能
F9	捕捉	"栅格捕捉"切换
F7	栅格	"栅格显示"切换
F8	正交	"正交模式"切换
F10	极轴	"极轴追踪"切换
F3	对象捕捉	"对象捕捉"切换
F11	对象追踪	"对象捕捉追踪"切换
F6	DUCS	允许/禁止动态 UCS
F12	DYN	动态输入

第一节　栅格与捕捉

在绘制工程草图时，为方便定位和度量，经常要把图绘制在坐标纸上。AutoCAD 中提供了类似这种坐标纸的功能，这就是栅格和捕捉。

栅格（Grid）是显示在屏幕上的一个个等距离点，可以对点之间的距离进行设置，在确定对象长度、位置和倾斜程度时，通过数点就可以完成度量。栅格只是一种显示控制工具，可以随时打开和关闭，打印时不被输出。

捕捉（Snap）是十字光标按设定的步长移动。光标移动的距离称为捕捉分辨率，捕捉分辨率可以自行设定。捕捉分为两种类型：栅格捕捉和角度追踪捕捉。为了方便绘图，一般将栅格的间距和栅格捕捉分辨率设定为相等或倍数关系。

一、栅格（Grid）

AutoCAD 默认设置栅格的间距为 $x=10$，$y=10$。也可以通过以下两种方法设定栅格间距

和打开/关闭栅格显示:

1) 移动光标到状态栏上的 "栅格" 按钮, 单击鼠标右键, 在弹出的 中选择 "网格设置", 将弹出【草图设置】对话框, 如图 5-1 所示。可以在对话框中改变数值, 设置栅格的间距。

2) 通过键盘输入命令 "grid"。

命令: grid

指定栅格间距 (X) 或 [开 (ON)/关 (OFF)/捕捉 (S)/主 (M)/自适应 (D)/界限 (L)/跟随 (F)/纵横向间距 (A)] <10.0000>:

各选项意义:

① 指定栅格间距 (X): 指定栅格 X 轴方向的间距。

② 开 (ON)/关 (OFF): 打开/关闭栅格显示。

图 5-1 【草图设置】对话框

③ 捕捉 (S): 将栅格间距设置为当前捕捉特性 (SNAP) 使用的间距。

④ 纵横向间距 (A): X 轴和 Y 轴方向设置不同的间距。

二、捕捉 (Snap)

AutoCAD 默认设置捕捉类型为栅格捕捉, 捕捉距离为 $x = 10mm$, $y = 10mm$。可以通过以下两种方法设定捕捉的有关参数和状态。

1) 在【草图设置】对话框中修改设定栅格捕捉的间距、角度、捕捉方式和类型以及角度追踪的步长等参数。

2) 通过键盘输入命令 "snap"。

命令: snap

指定捕捉间距或 [开(ON)/关(OFF)/纵横向间距(A)/传统(L)/样式(S)/类型(T)] <10.0000>:

各选项意义:

① 指定捕捉间距: 指定 X 轴方向的捕捉间距。

② 开 (ON)/关 (OFF): 打开/关闭捕捉功能。

③ 纵横向间距 (A): X 轴和 Y 轴方向设置不同的间距。

④ 传统 (L): 保持始终捕捉到栅格的传统行为。

⑤ 样式 (S): 确定栅格捕捉的方式。选择此项时, 提示如下:

指定捕捉间距或 [开(ON)/关(OFF)/纵横向间距(A)/样式(S)/类型(T)] <A>:s

输入捕捉栅格类型 [标准(S)/等轴测(I)] <S>:

在标准方式 (默认方式) 下, 捕捉栅格是标准的矩形。

在等轴测方式下, 捕捉栅格和光标十字线不再互相垂直, 而是呈绘制等轴测图时的特定角度, 这种方式对于绘制等轴测图是十分方便的。

⑥ 类型 (T): 确定捕捉的类型。选择此项时, 提示如下:

指定捕捉间距或［开(ON)/关(OFF)/纵横向间距(A)/样式(S)/类型(T)］<10.0000>:t

输入捕捉类型［极轴(P)/栅格(G)］<栅格>:

若选择角度追踪捕捉模式，还需指定捕捉的步长。

三、栅格与捕捉的应用

绘制如图 5-2 所示的图形：

1) 打开栅格（按<F7>键），并将其间距设置为 10mm（本例图纸大小为 420mm×297mm）。

2) 打开栅格捕捉（按<F9>键），并将其捕捉间距设置为 10mm。

3) 执行"直线"命令。

光标在屏幕上移动，可以看到指针被自动锁定在栅格点上，按照尺寸要求用光标拾取点即可。

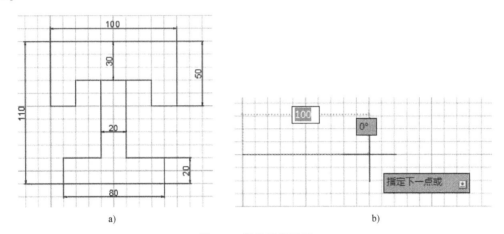

图 5-2 栅格捕捉示例

注意：栅格间距太小时栅格不能显示。

第二节 对象捕捉

初学 AutoCAD 绘图时有这样的感觉，用光标拾取的方法绘制某些特殊点时（如圆心、切点、线和圆弧的端点或中点等），无论怎样仔细，要准确地找到这些点都十分困难，甚至根本是不可能的。为解决这一问题，AutoCAD 提供了点的智能化确定方式——对象捕捉。所谓对象捕捉是在执行绘图命令需要输入点的坐标时，调用此命令，光标会自动并精确地锁定所需的特殊点。它可以捕捉端点、交点、中点、垂足、切点、圆的象限点和圆心等。对象捕捉命令不能单独使用，只能配合绘图或编辑命令来执行。本节主要介绍对象捕捉命令的类型、功能及应用。

一、对象捕捉的类型及其功能

图 5-3 所示为"对象捕捉"菜单，显示了对象捕捉的各种类型。图 5-4 所示【草图设置】对话框中也显示了对象捕捉的类型。表 5-2 列出了 AutoCAD 所提供的相应的对象捕捉类型及具体功能。

图 5-3 "对象捕捉"菜单

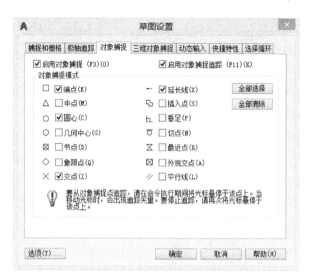

图 5-4 【草图设置】对话框

表 5-2 对象捕捉类型及功能

名　　称	功　　能
端点	捕捉线段或圆弧的端点
中点	捕捉线段或圆弧的中点
圆心	捕捉圆或圆弧的中心
节点	捕捉用"Point""Divide""Measure"等命令生成的点
象限点	捕捉圆或圆弧 0°、90°、180°、270°位置上的点
交点	捕捉线段、圆弧、圆等对象的交点
范围	捕捉线段或圆弧的延长线上的点
插入	捕捉块或文字等的插入点
垂足	捕捉到的点与另一点的连线垂直于捕捉点所在的图线
切点	捕捉圆或圆弧上与最后生成的一个点的连线形成相切的离光标最近的点
最近点	捕捉离拾取点最近的线段、圆、圆弧等对象上的点
外观交点	捕捉线段、圆弧、圆等对象的延长相交点
平行	捕捉过已知点与已知直线平行的直线

二、对象捕捉功能的设置

对象捕捉功能的实现可以通过以下途径：

1. 设置自动对象捕捉

用户可以根据需要事先设定一些经常用到的对象捕捉模式，当需要调用对象捕捉功能时，单击状态栏中的"对象捕捉"按钮，AutoCAD 会自动捕捉到预设捕捉模式的点。具体操作有两种：

1）单击状态栏中"对象捕捉"按钮□▾右侧三角符号，弹出图 5-3 所示"对象捕捉"菜单，用户可以选择相应的捕捉选项。

2）【草图设置】对话框如图5-4所示，用户可根据需要从中勾选一些经常用到的对象捕捉模式。

2. 命令行输入捕捉类型

当命令行提示输入点时，键入需要捕捉的点的类型。例如：若以已知圆的圆心为起点绘制一条直线，当执行"直线"（Line）命令后，命令行提示"指定第一点："，输入需要捕捉的点的类型——圆心（Cen），然后根据提示选取已知的圆，就可以精确地捕捉到圆心。

三、对象捕捉参数的设置

在 AutoCAD 执行"对象捕捉"命令时，会自动在对象捕捉点处显示一个标记，有时还会出现相应的解释框等，这些对象捕捉的相关参数可以利用 AutoCAD 提供的自动捕捉功能来设置。

1. 调出【选项】对话框

通过单击【草图设置】对话框中"选项"按钮（图5-4），即可弹出【选项】对话框，如图5-5所示。【选项】对话框中的"绘图"选项卡共有六个选项组，可以分别设置捕捉靶框的颜色和大小、对象捕捉选项、自动捕捉标记的颜色和大小以及自动追踪功能（AutoTrack 设置）的相关参数。

图 5-5 【选项】对话框

2. 参数设置

"自动捕捉设置"选项组对象中有四个复选框。其中若选中"标记"，捕捉时会在捕捉点处显示标记；选中"磁吸"，光标将自动锁定到最近的捕捉点；选中"显示自动捕捉工具提示"，显示相应的解释框；选中"显示自动捕捉靶框"，显示捕捉窗口。"颜色"按钮用来设置捕捉标记的颜色。

"自动捕捉标记大小"用来设置捕捉标记的大小。

"对象捕捉选项"用来选择捕捉对象的类型。

"Auto Track 设置"组合框用来设置与自动追踪有关的参数。

"对齐点获取"用来确定是否自动获取对齐点。

"靶框大小"用来设置捕捉靶框的大小。

四、对象捕捉应用实例

例 5-1 绘制如图 5-6 所示的图形。

绘图步骤：

1）在【草图设置】对话框中设置自动捕捉类型为圆心和象限点，启用自动捕捉功能。

2）绘制 ϕ90 的圆。

命令：_circle

指定圆的圆心或［三点（3P）/两点（2P）/相切、相切、半径（T）］:140,190

指定圆的半径或［直径（D）］:45

3）利用临时追踪点捕捉确定 ϕ60 圆的圆心，绘制两侧 ϕ60 的圆。

命令：_circle

指定圆的圆心或［三点（3P）/两点（2P）/相切、半径（T）］:tt

指定临时对象追踪点：

指定圆的圆心或［三点（3P）/两点（2P）/相切、相切、半径（T）］:75

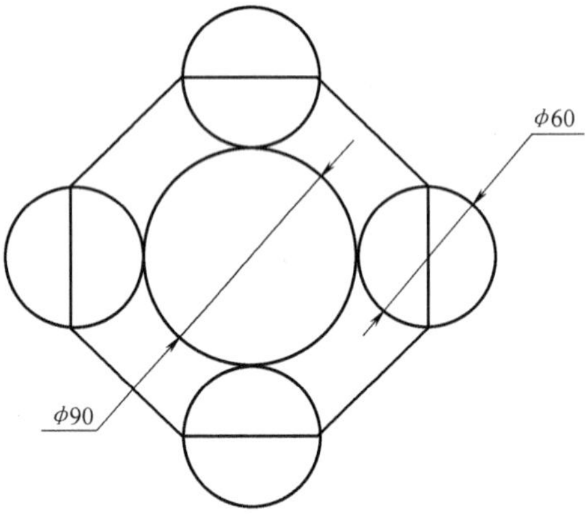

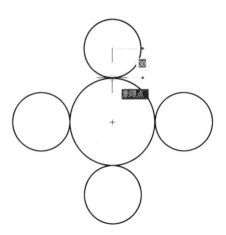

图 5-6 对象捕捉示例（一）

单击"临时追踪点"按钮，根据提示，捕捉 ϕ90 圆的圆心，拖动光标会出现一条水平或竖直虚线，当出现如图 5-7 所示的提示时，输入两圆中心距"75"。

指定圆的半径或［直径（D）］<45.0000>:30

4）重复执行3），捕捉其他三个不同方向的圆心，绘制其他三个 ϕ60 的圆。

5）分别捕捉四个 ϕ60 圆的象限点（光标移动到圆的象限点附近，当出现如图 5-8 所示的提示时，单击左键确认），绘制直线。

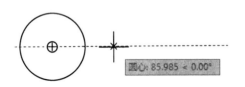

图 5-7 利用临时追踪点捕捉确定圆心

图 5-8 捕捉象限点

例 5-2 绘制如图 5-9 所示的图形，C 点为 AB 的中点，$DE/\!/AB$，$CF \perp ED$

绘图步骤：

1）绘制 $\phi 60$ 的圆。

命令：_circle

指定圆的圆心或［三点(3P)/两点(2P)/相切、相切、半径(T)］:150,200

指定圆的半径或［直径(D)］:30

2）绘制 $\phi 100$ 的圆。

命令：_circle

指定圆的圆心或［三点(3P)/两点(2P)/切点、切点、半径(T)］:from/通过键盘输入"from"。

基点：/将光标移动到 $\phi 60$ 圆的圆心附近捕捉圆心。

<偏移>:@ 200,150/输入两圆圆心的相对坐标。

指定圆的半径或［直径(D)］<30.0000>:50

3）绘制线段 AB。

命令：_line

指定第一点：

将光标移动到 $\phi 60$ 圆的圆心附近，出现"圆心"提示，如图 5-10 所示，单击确认。

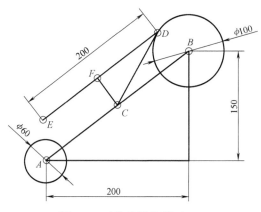

图 5-9 对象捕捉示例（二）

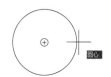

图 5-10 捕捉圆心

指定下一点或［放弃］:

光标移动到 $\phi 100$ 圆的圆心附近，出现"圆心"提示，单击确认。

指定下一点或［放弃］:/按回车键结束直线绘制。

4）绘制线段 CD。

命令：_line

指定第一点：

将光标移动到 AB 直线中点附近，出现"中点"提示，单击确认。

指定下一点［放弃］:tan/通过键盘输入"tan"。

将光标移动到 D 点附近，出现"切点"提示，单击确认。

指定下一点或［放弃］:/按回车键结束直线绘制。

5）绘制线段 DE。

命令：_line　　/继续直线绘制。

指定第一点：

将光标移动到 *D* 点附近，出现"交点"提示，单击确认。

指定下一点或［放弃］:par/通过键盘输入"par"。

将光标移动到 *AB* 直线上，出现"平行"提示，单击，移动光标，出现如图 5-11 所示的提示，输入直线 *DE* 的长度 200。

指定下一点或［放弃］:/按回车键结束直线绘制。

6）绘制线段 *CF*。

Command:_line　/继续直线绘制。

指定第一点:

将光标移动到 *C* 点附近，出现"端点"提示，单击确认。

指定下一点或［放弃］:per/通过键盘输入"per"。

将光标移动到 *F* 点附近，出现如图 5-12 所示的提示，单击确认。

指定下一点或［放弃］:/按回车键结束直线绘制。

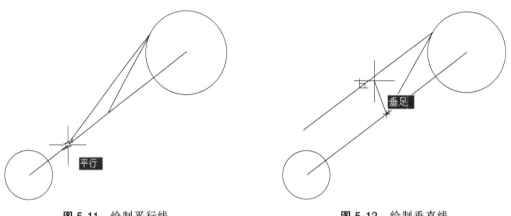

图 5-11　绘制平行线　　　　　　　　图 5-12　绘制垂直线

第三节　自 动 追 踪

除了对象捕捉功能以外，AutoCAD 2019 还提供了一种以已知点为基点确定另一点的方法，即自动追踪。系统提供了极轴追踪和对象捕捉追踪两种方法。这两种追踪功能的不同之处在于：对象捕捉追踪需要在图样中有可以捕捉到的对象，极轴追踪只是对方向的追踪。在绘图过程中启动极轴追踪功能，确定绘图起点后，系统会自动在事先设定的方向上显示出光标当前位置的相对极坐标，用户输入极半径长度就可以确定下一个点；当系统要求输入点时，系统就会基于指定的捕捉点沿指定方向追踪，用户只要给出相对长度就可以了。

一、极轴追踪

1. 极轴追踪的设置

极轴追踪用来追踪捕捉某一角度方向上的点，所以必须事先设置追踪的方向（角度）。

【草图设置】对话框的"极轴追踪"选项卡如图 5-13 所示，其具体内容解释如下：

1）"启用极轴追踪"复选框：启动或关闭极轴追踪（与功能键<F10>功能一致）。

2）"极轴角设置"选项组：用来设置追踪角度。用户可以在"增量角"下拉列表中选择角度，下拉表中的 5、10、15、18、22.5、45、90 为系统给出的极轴追踪角度增量；也可以勾选"附加角"复选框，然后单击"新建"按钮，在随后出现的文本框中输入需要的角度值。

图 5-13　【草图设置】对话框中的"极轴追踪"选项卡

3）"对象捕捉追踪设置"选项组：用来控制对象捕捉追踪的方向。其中，若选中"仅正交追踪"表示对象捕捉追踪只能沿垂直或水平方向；若选中"用所有极轴角设置追踪"表示对象捕捉追踪沿设置的极轴角度方向。

4）"极轴角测量"选项组：用于选择极轴角的度量基准。其中，若选中"绝对"项，表示所设定的极轴角为绝对值；若选中"相对上一段"，表示极轴角为相对于前一线段的相对值。

2. 极轴追踪应用示例

例 5-3　绘制如图 5-14 所示的图形，线段的长度均为 100mm。

绘图步骤：

1）在图 5-13 所示的【草图设置】对话框中设置极轴追踪参数。"增量角"为 15，单击"新建"按钮，增加追踪角 24。

2）用"直线"命令，任意给定一点为起点，移动光标会产生虚线并提示追踪角度和到起点的距离，当出现如图 5-15 所示的提示时，输入"100"，即可绘制出直线。同样，移动光标到相应的角度，输入"100"，即可绘制其他的直线。

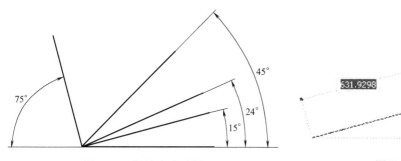

图 5-14　极轴追踪示例

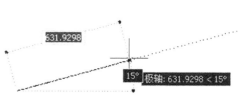

图 5-15　极轴追踪

二、对象捕捉追踪

1. 对象捕捉追踪的设置

对象捕捉追踪是以对象捕捉方式确定的点为基点，在某一角度方向上追踪点的方法，所以在利用对象捕捉追踪功能之前必须设置对象捕捉模式（即捕捉类型）。

【草图设置】对话框的"对象捕捉"选项卡的具体内容如图 5-16 所示。用户可以根据需要选择适当的对象捕捉模式，来确定以哪一类特殊点作为基点进行追踪，然后勾选"启用对象捕捉"和"启用对象捕捉追踪"复选框。

对象捕捉追踪的方向由【草图设置】对话框的"极轴追踪"选项卡中的"对象捕捉追踪设置"选项组设定。具体的设置过程如下：

1）单击【草图设置】对话框中的"极轴追踪"选项卡，如图5-13所示。

2）在"对象捕捉追踪设置"选项组中有两个选项。选择"仅正交追踪"选项，只是沿正交方向追踪；选择"用所有极轴角设置追踪"选项，可以沿设定的极轴角方向进行对象捕捉追踪。

2. 对象捕捉追踪应用示例

例5-4 绘制如图5-17所示的图形。

图5-16 "对象捕捉"选项卡

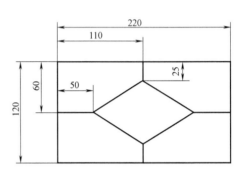

图5-17 对象捕捉追踪示例（一）

绘图步骤：

1）设置对象捕捉参数，如图5-16所示。

2）用"矩形"命令绘制外围矩形。

3）执行"直线"命令，移动光标，当出现如图5-18a所示的虚线和提示时，输入距离"50"（注意，此时状态栏中的"动态输入"应处于关闭状态），再移动光标，当出现如图5-18b所示的虚线和提示时，输入距离"25"。同样，按照图5-18c、d绘制其余直线。

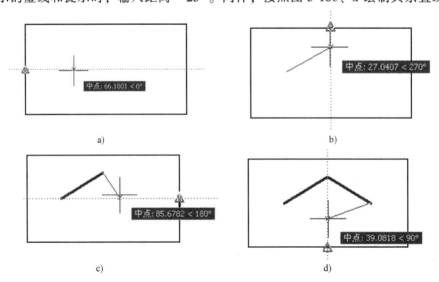

图5-18 对象捕捉追踪

4）执行"直线"命令，捕捉直线的端点，绘制其余四条线段。

例 5-5　绘制如图 5-19 所示的图形。

绘图步骤：

1）用"矩形"命令绘制矩形。

2）设置对象捕捉模式为中点捕捉，启用对象捕捉和对象捕捉追踪。

3）绘制圆。确定圆心时，移动光标，当出现如图 5-20 所示的提示时，单击鼠标左键确认。

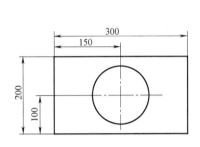

图 5-19　对象捕捉追踪示例（二）

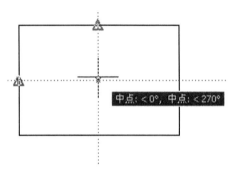

图 5-20　捕捉圆心

例 5-6　绘制如图 5-21 所示的图形。

绘图步骤：

1）绘制 $\phi60$ 的圆。

2）在【草图设置】对话框中设置对象捕捉模式为"圆心"，启用对象捕捉和对象捕捉追踪，设置如图 5-22 所示的极轴追踪。

3）绘制 $\phi30$ 的圆。确定圆心时，移动光标，当出现如图 5-23 所示的提示时，输入圆心距"150"。

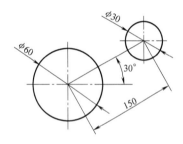

图 5-21　对象捕捉追踪示例（三）

图 5-22　对象捕捉追踪角度的设置

三、正交模式

当绘制水平或垂直线时，可以启用正交模式。在正交模式下，用光标拾取的方式确定点时，只能绘制平行于 X 轴或 Y 轴的线段，若同时在"等轴测草图"状态则绘制平行于某一轴测轴的线段（当捕捉为等轴测模式时）。

例 5-7　绘制如图 5-24 所示的图形。

启用正交模式，同时使用栅格和栅格捕捉，可以使作图更加方便快捷。

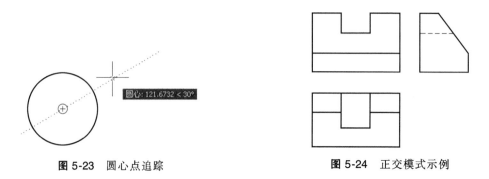

图 5-23　圆心点追踪　　　　　　　图 5-24　正交模式示例

第四节　参数化设计

参数化设计最大的好处就在于对于结构相同而尺寸不同的零件可以只设计一个标准模板，通过修改尺寸参数即可实现模型的同步更新，从而大大提高绘图效率。参数化设计的前提是建立各种约束，从而保证尺寸变化时图形要素之间的关系不变。通过建立约束能够精确地控制图形对象。约束有两种类型：几何约束与尺寸约束。图 5-25 是"参数化"选项卡包含的三个功能区："几何"（包含"几何约束"命令按钮）、"标注"（包含"尺寸约束"命令按钮）、"管理"（包含"约束管理"命令按钮）。

图 5-25　"参数化"选项卡

一、几何约束

几何约束建立图形对象的几何特性或者两个或多个图形元素的特定关系（如要求两条直线长度相等或者互相平行等）。几何约束选项的功能如表 5-3 所示。

表 5-3　几何约束选项及功能

约束模式	功　　能
重合	约束两个点使其重合，或使一个点位于曲线(或延长线)上

（续）

约束模式	功　能
共线	使两条或多条直线在同一直线上
同心	将两个圆弧、圆或椭圆约束到同一个中心点
固定	约束一个点或一条曲线，使其固定在相对于世界坐标系的特定位置和方向上
平行	使选定的两个对象互相平行
垂直	使选定的直线位于彼此垂直的位置
水平	使图形对象与当前坐标系 X 轴平行
竖直	使图形对象与当前坐标系 Y 轴平行
相切	将两条曲线约束为彼此相切或延长线相切
平滑	将样条曲线约束为连续，并与其他样条曲线、直线、圆弧或多段线保持光滑连接
对称	使选定的对象关于选定的直线对称
相等	将选定圆弧和圆的尺寸调整为半径相同，或使选定的直线长度相同

二、尺寸约束

建立尺寸约束可以限制图形几何对象的大小。建立尺寸约束后，可以在后续的编辑工作中实现尺寸的参数化驱动。生成尺寸约束时，系统会生成一个表达式，其名称和值会显示在一个文本框中，用户可以在其中编辑该表达式的名称和数值。

尺寸约束应与几何约束同时使用，否则将使图形变化很大。图 5-26 所示是增加几何约束与尺寸约束后，通过修改参数获得的两个形状相同但其中一个尺寸参数（d2）由 60 变为 100 的图形。

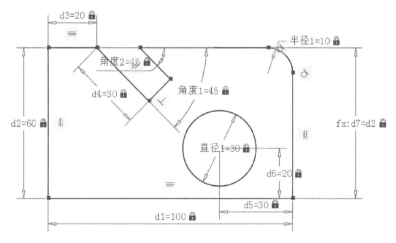

a）绘制图形并增加约束

图 5-26　几何约束与尺寸约束应用实例

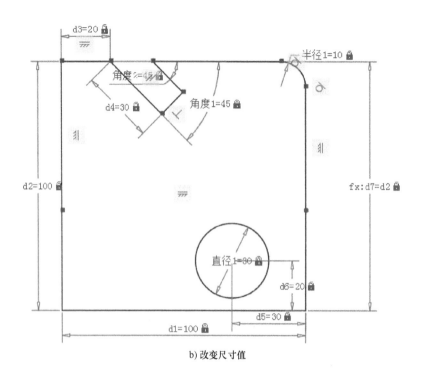

b) 改变尺寸值

图 5-26 几何约束与尺寸约束应用实例（续）

第五节 显示控制

在绘制和编辑图形的过程中，用户有时需要局部放大某部分图形以进行细节编辑，有时需要浏览整个图形。AutoCAD 2019 提供了显示控制命令来实现图形的放大、缩小或平移等。这些显示命令不改变图形的实际尺寸，也不影响各实体间的相对关系，相当于给你一部照相机，从取景框中，以不同的角度和距离观察图形。显示控制命令是透明命令，可以单独使用，也可以在其他命令的执行过程中调用。常用的显示控制命令如表 5-4 所示。

表 5-4 显示控制命令

命 令	功 能
缩放	控制图形局部放大、实时缩放、显示全部等
平移	控制图形沿不同方向平行移动
重画	重新绘制图形元素
重生成	重新生成图形

一、缩放

利用"缩放"命令可以在当前屏幕窗口中放大或缩小图形以改变显示效果，放大可以仔细观察某一局部的细节，缩小可以看到更大的区域。

在"视图"下拉菜单中可以单击激活"缩放"命令，如图 5-27 所示。

命令：zoom

指定窗口的角点，输入比例因子（nX 或 nXP），或者

[全部（A）/中心（C）/动态（D）/范围（E）/上一个（P）/
比例（S）/窗口（W）/对象（O）] <实时>：

按<Esc>或回车键退出，或者单击鼠标右键显
示快捷菜单。其中默认项为"实时""窗口"。其
他常用的选项有"全部""上一个"。

1）"实时"选项：实时缩放视图，即动态地
放大和缩小视图。执行该选项后，按住鼠标左键
向上移动光标可以放大图形，向下移动光标可以
缩小图形。"实时"是"zoom"命令的默认设置。
在输入"zoom"命令后按回车键自动地调用实时
缩放。要退出实时缩放，按回车、<Esc>键或者从
右键快捷菜单中选择"退出"。

2）"全部"选项：显示视图内或者超出视图区
的图形。如果所有的图形对象都在绘图边界之内，
则显示绘图区；如果图形对象延伸到视图区以外，
这些对象也将在屏幕上显示出来。所以，利用"全
部"选项，可以看到当前视区的全部图形。

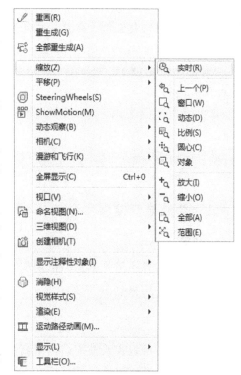

图 5-27　"缩放"选项

3）"圆心"选项：在图形中指定一点作为缩
放后的新视图窗口的中心点。图形缩放的大小可用指定缩放比例或新视图的高度值设置。输
入比当前高度值大的值将缩小图形，输入比当前高度值小的值将放大图形。

4）"范围"选项：使用该选项，在图形中的所有对象被尽可能地显示出来。与"全部"
选项的区别是"范围"选项显示的是图形范围而不是图形界限。

5）"动态"选项：该选项显示用户已经指定的图形部分。

6）"上一个"选项：恢复前一个显示视图。在每个视区中可以保存十个视图，连续使
用"上一个"选项可以依次恢复先前的十个视图。

7）"窗口"选项：是"缩放"命令中经常使用的选项。它允许用户指定矩形的两个角
点来指定想缩放的区域，指定窗口的中心成为新的显示屏幕的中心。"窗口"选项是两种默
认选项之一。

8）"比例"选项：该选项有三种方式，即相对整个视图缩放、相对当前视图缩放、相
对平铺空间单位缩放。

二、平移

"平移"命令允许用户把当前视区之外的图形拖进当前视区中。

在"视图"下拉菜单中可以单击激活"平移"命令，如图 5-28 所示。

1）"实时"选项：实时平移是"平移"命令的默认设置。当用户选择"实时"选项
时，AutoCAD 显示一个手形符号，按住鼠标左键并移动，可以平移图形。按回车、<Esc>键
或从右键快捷菜单中选择"退出"命令，可以退出实时平移。

2）"点"选项：用户需要指定放置位置。例如，下面的操作将把显示的图形向右移动两个单位，向上移动两个单位。

从"视图"→"平移"下拉菜单中选择"点"选项。

指定基点或位移:2,2

指定第二点:

图 5-28 "平移"命令

也可以指定两个点，AutoCAD 计算从第一个点到第二个点的偏移量。

此外，还可以用"左""右""上"以及"下"选项来移动图形。

三、其他显示控制命令

1. 重画

使用该命令可以重画编辑后的图形，删除由于某些操作遗留的临时图形。要删除零散像素，请使用"重生成"命令。

命令:redraw

2. 重生成

使用该命令可以在当前视口内重新生成整个图形，即重新计算当前视口中所有对象的位置和可见性，重新生成图形数据库的索引，以获得最优的显示和对象性能。

命令：regen

习   题

5-1 简答题。

1）简要叙述<F7>、<F9>、<F10>、<F3>、<F11>等功能键的作用。

2）列举出八个 AutoCAD 2019 中用对象捕捉功能可以捕捉到的点。

3）怎样设置自动捕捉？

4）怎样设置从实体的端点追踪？

5）"zoom"命令中"全部"选项的含义是什么？

5-2 绘制图 5-29～图 5-32 所示的图形。

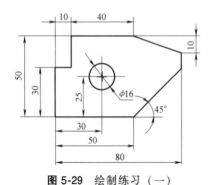

图 5-29 绘制练习（一）

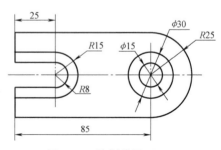

图 5-30 绘制练习（二）

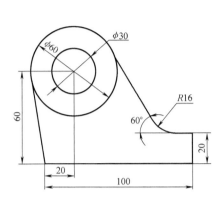

图 5-31 绘制练习（三）

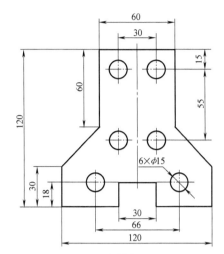

图 5-32 绘制练习（四）

第六章

图形编辑

　　图形编辑是指对已有的图形对象进行移动、旋转、缩放、复制、删除、参数修改等操作。AutoCAD 具有强大的图形编辑功能，可以帮助用户合理地构造与组织图形，保证作图准确度，减少重复的绘图操作，从而提高设计、绘图效率。AutoCAD 提供了两种编辑方式：用户可以先启用一个命令，然后选择对象进行编辑；也可以先选择对象，然后对它们进行编辑。常用的图形编辑命令如表 6-1 所示。

表 6-1　常用的图形编辑命令

命令名	中文释义	功　能
Erase	删除	将选择的对象删除
Copy	复制	创建一个或多个与源对象完全相同的副本
Mirror	镜像	以一条线为对称轴,创建对象的镜像
Offset	偏移	在距选定对象指定距离处创建对象的类似体
Array	阵列	将选择对象按环形或矩形分布进行复制
Move	移动	将选择对象平行移动
Rotate	旋转	将选择对象绕指定的基点旋转指定的角度
Scale	缩放	将选择对象按比例放大或缩小
Stretch	拉伸	移动或拉伸对象
Trim	修剪	以对象为边界删除另一个或多个对象的一部分
Extend	延伸	将对象延伸与另一对象相交
Break	打断于点	将一个对象在所选点处分成两部分
Break	打断	将一个对象分成两部分或删除对象的一部分
Merger	合并	将一个对象的几部分合成一个整体
Chamfer	倒角	用一条斜线连接两个非平行对象,并进行延伸或修剪
Fillet	圆角	用指定半径的圆弧光滑地连接两个对象
Explode	分解	将复合对象分解成若干个基本对象

第一节　构造选择集

　　想要对一个或多个对象进行编辑，就要先选取这些对象，AutoCAD 会用虚线加亮显示它们。选择对象的方法有很多种，这些选取方法不是命令，因此在任何菜单和工具栏上都不显示，但在 AutoCAD 提示选择对象时能随时使用。如果使用了一个非法的选择关键字（如"d"），可强迫 AutoCAD 显示它的对象选择方法。若执行一个编辑命令，AutoCAD 会提示：

选择对象：d/这时如输入"d"则提示如下：

需要点或窗口（W）/上一个（L）/窗交（C）/框（BOX）/全部（ALL）/栏选（F）/圈围（WP）/圈交（CP）/编组（G）/添加（A）/删除（R）/多个（M）/前一个（P）/放弃（U）/自动（AU）/单个（SI）/子对象/对象 /这些选项都是对象选择的方法。

下面介绍构造选择集的常用方式。

1.直接点取选择

这是一种默认的选择对象方式。在选择状态下，AutoCAD 将用一个拾取框代替十字光标，将拾取框放在要选择的对象上，按鼠标左键即可选中对象。每次选中一个对象后，便会出现一次"选择对象"提示，等待用户继续选择，直至按空格键或回车键表示结束构造选择集。

2."窗口"选项

通过"窗口"选项可以选定一个矩形区域中包含的所有对象。在"选择对象："提示符下键入"w"，AutoCAD 提示输入确定该窗口的两个对角点：

指定第一个角点：/给出第一个角点。

指定对角点：/给出第二个角点。

也可以不键入"w"，而在屏幕上直接从左到右指定两个对角点，从而指定该窗口。选定窗口后，完全属于窗口内的对象才被选中，如图 6-1 所示。

3."窗交"选项

"窗交"选项与"窗口"选项类似，不同之处在于，与窗口边界相交和完全在窗口内的对象都被选中。在"选择对象："提示符下键入"c"后，AutoCAD 的提示与"窗口"选项相同，只是窗口边框用虚线表示，如图 6-2 所示。

也可以不键入"c"，而在屏幕上直接从右到左指定两个对角点，从而指定该窗口。

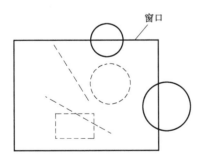

图 6-1 用"窗口"选项选择对象

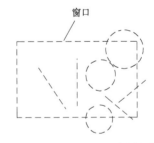

图 6-2 用"窗交"选项选择对象

4."添加"选项

"添加"选项是向选择集中添加对象。

5."删除"选项

"选择对象："提示总是从添加模式开始。"删除"选项是从添加模式切换到清除模式的开关，一旦执行，其效果会持续到使用"添加"选项为止。

6."上一个"选项

"上一个"选项用于选择除当前对象外最新创建的对象。

7. "放弃"选项

"放弃"选项可以删除选择集中最后一次选择的对象，然后可继续向选择集中添加对象。

第二节　常用的图形编辑命令

常用的编辑命令在"默认"选项卡的"修改"功能区中，可以单击功能区上的按钮或选择"修改"下拉菜单中的相应选项，如图6-3所示，也可直接键入编辑命令名称，以执行相应的命令。

一、"删除"命令（Erase）

在 AutoCAD 中，可以非常方便地改正绘图中出现的错误。"删除"命令允许用户删除对象。

激活"删除"命令后，AutoCAD 提示：

命令:_erase

选择对象:/用各种选择方法选择要删除的对象。

按空格键或回车键结束选择。

二、"放弃""恢复"与"重做"命令

AutoCAD 提供了"放弃""恢复"和"重做"命令执行撤销与恢复操作。

1. "放弃"命令（Undo）

"放弃"命令撤销前一命令或前一组命令的效果。激活"放弃"命令的方法如下：

1）在快速访问工具栏中单击"放弃"按钮，如图6-4所示。

2）在"命令"提示符下键入"U"并按空格键或回车键。

2. "恢复"命令（Oops）

"恢复"命令用于恢复不小心删除的对象。但它只能恢复最后一次用命令删除的对象。如果想后退不止一个"删除"命令，只能用"放弃"命令。

激活"恢复"命令的方法如下：

命令:_Oops

按空格键或回车键，将恢复删除的对象。

3. "重做"命令（Redo）

"重做"命令允许取消上一个"放弃"命令，恢复原图。"重做"命令必须紧跟在"放弃"命

a）"修改"功能区

b）"修改"下拉菜单

图6-3　执行"修改"命令

令之后。

图 6-4　快速访问工具栏中的"放弃"按钮和"重做"按钮

激活"重做"命令的方法如下：

1）在快速访问工具栏中单击"重做"按钮，此按钮在"放弃"按钮的右侧，如图 6-4 所示。

2）在"命令"提示符下键入"Redo"并按空格键或回车键。

三、"复制"命令（Copy）

"复制"命令将选定对象复制到指定位置。复制的对象与原对象有相同的方向和比例。

激活"复制"命令后，AutoCAD 提示：

命令：_copy

选择对象：指定对角点：找到 2 个/选取要复制的对象。

选择对象：

当前设置：　复制模式 = 多个

指定基点或 [位移(D)/模式(O)]<位移>:/拾取一个点。

指定第二个点或<使用第一个点作为位移>:/拾取另一个点以给定位移或按回车键。

复制结果如图 6-5 所示。

在 AutoCAD 中复制对象，除了可以用 AutoCAD 的"复制"命令外，还可以用 Windows 系统原有的鼠标拖放操作及剪贴板操作（剪切、复制和粘贴）来实现对象的复制或移动。特别是 AutoCAD 支持多文档工作环境（MDE），因此可以非常方便地在图形间复制或移动对象。

图 6-5　用"复制"命令复制一组对象　　　　**图 6-6　使用"偏移"命令的例子**

四、"偏移"命令（Offset）

用"偏移"命令可以生成相对于已有对象的平行直线、平行曲线和同心圆。可以偏移的有效对象包括直线、圆弧、圆、样条曲线和二维多段线。

激活"偏移"命令后，AutoCAD 提示：

命令：_offset

当前设置：删除源 = 否　图层 = 源　OFFSETGAPTYPE = 0

指定偏移距离或[通过(T)/删除(E)/图层(L)]<通过>:/指定偏移距离或键入"t"选择"通过"选项。

选择要偏移的对象,或[退出(E)/放弃(U)]<退出>:/选择要偏移的对象。

指定要偏移的那一侧上的点,或[退出(E)/多个(M)/放弃(U)]<退出>:/在对象的一边拾取一点以指定偏移方向。

选择要偏移的对象,或[退出(E)/放弃(U)]<退出>:/可选择另外要偏移的对象或按回车键结束偏移。

使用"偏移"命令的例子如图6-6所示。

五、"镜像"命令（Mirror）

"镜像"命令将以相反的方向生成所选择对象的副本,即以一条指定的线段为镜像线进行镜像。原图形可以保留,也可以删除。

激活"镜像"命令后,AutoCAD 提示:

命令:_mirror

选择对象: /选择要镜像的对象。

指定镜像线的第一点:/拾取一点确定为镜像线的第一点。

指定镜像线的第二点:/拾取一点确定为镜像线的第二点。

要删除源对象吗?[是(Y)/否(N)]:N/是否删除源对象。

使用"镜像"命令的例子如图6-7所示。

六、"阵列"命令（Array）

"阵列"命令可将所选定的对象沿矩形、环形或某一路径线进行复制,图6-8所示为阵列的三种形式。矩形阵列是指按照行/列的方式对所选择的图形元素进行有序地复制。路径阵列是沿路径（全部或部分）均匀复制选择的图形元素,路径可以是直线、多段线、样条曲线、螺旋线、圆弧、圆或者椭圆。环形阵列是将选择的图形元素绕某一中心沿环形进行复制阵列。常用的阵列形式为矩形阵列和环形阵列。

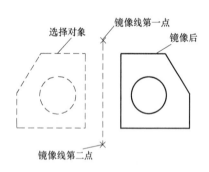

图6-7 镜像由"窗口"选项选择的一组对象

图6-8 "阵列"命令选项

1. 矩形阵列

在矩形阵列中,可以指定行数和列数,以及行列之间的间距,整个矩形阵列也可以按选定的角度旋转。要对图形进行矩形阵列,可单击"修改"功能区中的"矩形阵列"按钮,选择相应阵列对象,弹出"阵列创建"选项卡,如图6-9所示。在相应的文本框里依次输入要阵列的行数、列数、行偏移量、列偏移量后,按回车键或空格键,完成阵列。

| 默认 | 插入 | 注释 | 参数化 | 视图 | 管理 | 输出 | 附加模块 | A360 | 精选应用 | BIM 360 | Performance | 阵列创建 | |

矩形	列数:	4	行数:	3	级别:	1				
	介于:	30	介于:	30	介于:	1	关联	基点		关闭阵列
	总计:	90	总计:	60	总计:	1				
类型	列		行		层级		特性			关闭

图 6-9 "阵列创建"选项卡(矩形阵列)

使用"矩形阵列"命令的例子如图 6-10 所示。

2. 环形阵列

在环形阵列中,可以设定间隔的角度、复制份数、这组对象的总角度及对象是否绕中心旋转等。要对图形进行环形阵列,可单击"修改"功能区中"环形阵列"按钮,选择相应阵列对象,弹出"阵列创建"选项卡,如图 6-11 所示。在相应的文本框里依次输入要阵列的项目数、填充角度等后,按回车键或空格键确定,完成阵列。

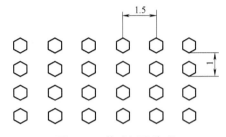

图 6-10 构造矩形阵列

| 默认 | 插入 | 注释 | 参数化 | 视图 | 管理 | 输出 | 附加模块 | A360 | 精选应用 | BIM 360 | Performance | 阵列创建 | |

极轴	项目数:	6	行数:	1	级别:	1					
	介于:	60	介于:	30	介于:	1	关联	基点	旋转项目	方向	关闭阵列
	填充:	360	总计:	30	总计:	1					
类型	项目		行		层级		特性				关闭

图 6-11 "阵列创建"选项卡(环形阵列)

使用"环形阵列"命令的例子如图 6-12 和图 6-13 所示。

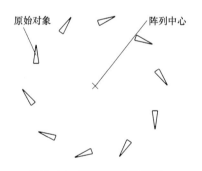

图 6-12 阵列时对象旋转

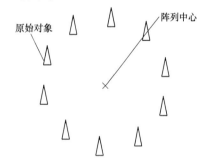

图 6-13 阵列时对象不旋转

七、"移动"命令(Move)

"移动"命令可以将一个或多个对象从当前位置移动到新的位置,而不改变对象的大小和方向。激活"移动"命令后,AutoCAD 提示:

命令:_move

选择对象:/选择要移动的对象。

指定基点或 [位移(D)]<位移>:/指定一点。

指定第二个点或<使用第一个点作为位移>：/指定第二点或按回车键。

八、"旋转"命令（Rotate）

"旋转"命令使对象绕指定点旋转，该指定点叫基点。输入角度值时，正值按逆时针方向旋转对象，负值按顺时针方向旋转对象。

激活"旋转"命令后，AutoCAD 提示：

命令：_rotate

UCS 当前的正角方向：ANGDIR=逆时针 ANGBASE=0

选择对象：/选择要旋转的对象。

指定基点：

指定旋转角度，或［复制（C）/参照（R）]<0>：/指定旋转角度或键入"r"选择"参照"选项。

"参照"选项是指定参考角度。若键入"r"，AutoCAD 接着提示：

指定参照角<0>：

指定第二点：/指定参考角度。

指定新角度或［点（P）]<0>：/指定新角度。

图 6-14 是指定旋转角度的例子，图 6-15 是指定参考角度的例子。

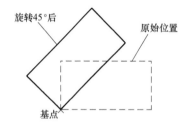

图 6-14　用"旋转"命令旋转一组对象

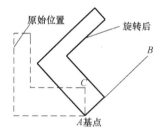

图 6-15　用拾取点的方法来指定参考角度

九、"修剪"命令（Trim）

"修剪"命令用于修剪对象与剪切边实际相交或与剪切边隐含相交的部分。可修剪的对象包括直线、圆弧、椭圆弧、圆、二维和三维多段线、构造线、射线以及样条曲线等。有效的剪切边对象包括直线、圆弧、椭圆弧、圆、二维和三维多段线、构造线、填充区域、样条曲线和文字等。

激活"修剪"命令后，AutoCAD 提示：

命令：-trim

当前设置：投影=UCS,边=无

选择剪切边…

选择对象或<全部选择>：/选择作为剪切边的对象。

选择要修剪的对象，或按住<Shift>键选择要延伸的对象，或

［栏选（F）/窗交（C）/投影（P）/边（E）/删除（R）/放弃（U）]：

"修剪"命令首先提示选择作为剪切边的对象。在选择了一个或多个剪切边后，按回车键结束选取。AutoCAD 接着提示选择要修剪的对象，在选择了一个或多个要修剪的对象后，按回车键结束此命令，如图 6-16a、b 所示。

"边"选项：是修剪与所选剪切边实际相交还是隐含相交的对象。当选择"边"选项后，AutoCAD 提示如下：

输入隐含边延伸模式 [延伸(E)/不延伸(N)]<不延伸><当前值>:/选择一个选项或按回车键。

"延伸"选项将剪切边沿它的自然轨迹延伸，在三维空间中与一个对象相交（隐含相交点）。选择了该选项后，AutoCAD 将修剪与剪切边隐含相交的对象，如图 6-16c、d 所示。

"不延伸"选项只修剪三维空间中与剪切边实际相交的对象，否则不予修剪。若按照图 6-16c 的选择，图形将不被修剪，如图 6-16e 所示。

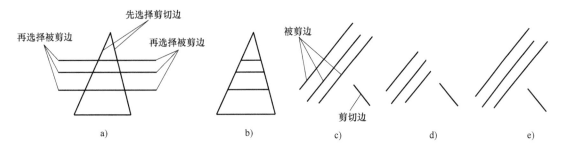

图 6-16　"修剪"命令应用实例

"放弃"选项：撤销"修剪"命令所做的最后一次修改。

"投影"选项：指定当修剪对象时 AutoCAD 所使用的投影模式。在建立三维模型时需要设置这一项，而绘制二维图形时不用设置。默认情况下，投影模式设置为当前的用户坐标系。

十、"打断"命令（Break）

"打断"命令用于去除对象上的某一部分或将一个对象分成两部分。"打断"命令可用于直线、圆弧、椭圆、圆、圆环、二维和三维多段线、构造线、射线等。

激活"打断"命令后，AutoCAD 提示：

命令:_break
选择对象:/选择一个对象。
指定第一个打断点或[第一点]:/指定第二个打断点或键入"f"以重新定义第一个打断点。

AutoCAD 将删除对象上位于第一点和第二点之间的部分。第一点即是选取该对象时的拾取点。如果第二点不在对象上，AutoCAD 将选择对象上离该点最近的一个点。如果需要截断直线、圆弧或多段线，可将第二点选在上述对象的端点之外。

如果在要求指定第二个打断点时键入"f"，则 AutoCAD 将提示：

指定第一个打断点:/重新指定第一个打断点。
指定第二个打断点：

如果第一点和第二点为同一点，那么对象被分成两个部分，但不删除任何一部分。

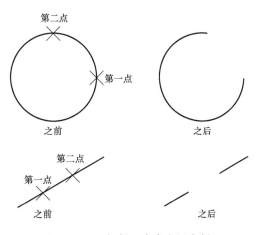

图 6-17　"打断"命令应用实例

可以通过键入"@"指定第二点与第一点为同一点。图 6-17 是应用"打断"命令的例子。

十一、"圆角"命令（Fillet）

"圆角"命令用指定半径的圆弧将两条直线、圆弧、椭圆弧、圆、二维和三维多段线、构造线、射线以及样条曲线相连（圆弧过渡）。

激活"圆角"命令后，AutoCAD 提示：

命令：_fillet

当前设置：模式 = 修剪,半径 = 0. 0000

选择第一个对象或［放弃（U）/多段线（P）/半径（R）/修剪（T）/多个（M）］:/选择需要圆弧过渡的第一个对象或选择其中一个选项。

"半径"选项：用来改变当前圆角的半径值。

"多段线"选项：在二维多段线的每个顶点处绘制圆角。

"修剪"选项：控制 AutoCAD 是否修剪掉所选择的边到圆角端点的部分。

"圆角"命令应用的例子如图 6-18 所示。

十二、"倒角"命令（Chamfer）

"倒角"命令类似于"圆角"命令。"倒角"命令可在一对相交直线上进行倒角。

激活"倒角"命令后，AutoCAD 提示：

命令：_chamfer

（"修剪"模式）当前倒角距离 1 = 1. 5000,距离 2 = 1. 5000

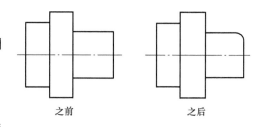

之前　　　　　　　　之后

图 6-18　"圆角"命令的应用

选择第一条直线或［放弃（U）/多段线（P）/距离（D）/角度（A）/修剪（T）/方式（E）/多个（M）］:/选择要倒角的两个对象中的一个或选择一个选项。

默认情况下，AutoCAD 提示选择要倒角的第一个对象。如果选择了直线来倒角，则 AutoCAD 接着提示：

选择要倒角的第二条线：

"距离"选项：设置第一个和第二个倒角的距离。

"多段线"选项：在二维多段线的每个顶点处倒角。

"角度"选项：与"距离"选项类似，AutoCAD 提示第一个倒角距离和第一条线开始的角度。

"多个"选项：控制 AutoCAD 是用两个距离还是用一个距离和一个角度来生成倒角。

"修剪"选项：控制 AutoCAD 是否修剪掉从所选的边到倒角线端点处的部分。

"倒角"命令应用的例子如图 6-19 所示。

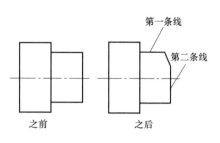

第一条线

第二条线

之前　　　　　　　　之后

图 6-19　"倒角"命令的应用

十三、"延伸"命令（Extend）

"延伸"命令使所选直线、圆弧、椭圆弧、非封闭的二维和三维多段线以及射线延伸到指定的直线、圆弧、椭圆弧、圆、椭圆、二维和三维多段线、射线、构造线、区域、样条曲线、文字串等。

激活"延伸"命令后，AutoCAD 提示：

命令：_extend

当前设置：投影=UCS,边=无

选择边界的边...

选择对象或<全部选择>： /选择要延伸到的对象。

选择对象：

选择要延伸的对象,或按住<Shift>键选择要修剪的对象,或[栏选(F)/窗交(C)/投影(P)/边(E)/放弃(U)]:/选择要延伸的对象,或选择其中一个选项。

"边"选项用于确定对象是延伸到所选定的边界还是延伸到一隐含的交点，类似"修剪"命令中的"边"选项；"放弃"选项也类似。图 6-20 是应用"延伸"命令的例子。

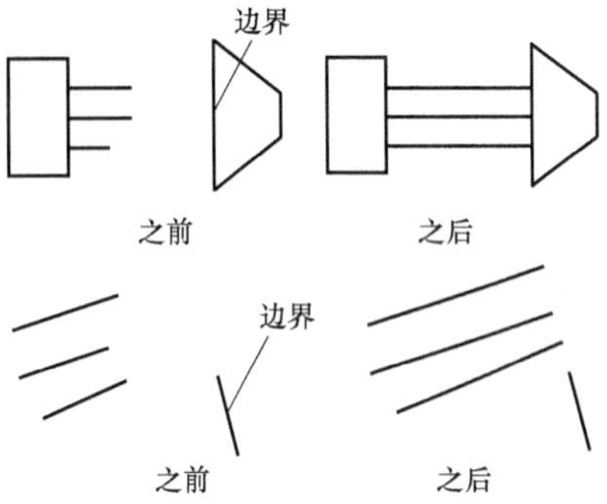

十四、"拉长"命令（Lengthen）

"拉长"命令用于增加或减少直线对象的长度或圆弧的包含角度（夹角）。

激活"拉长"命令后，AutoCAD 提示：

图 6-20 "延伸"命令的应用

命令：_lengthen

选择对象或[增量(DE)/百分数(P)/全部(T)/动态(DY)]:/选择一个对象或其中一个选项。

选择对象之后，AutoCAD 显示其所选直线对象的长度，或显示所选圆弧对象的圆心角。

"增量"选项：在所选对象靠近拾取点的一端改变长度或圆心角。正值时，长度或角度会增加，负值时会缩小。

"百分数"选项：通过指定对象总长的百分数来设置它的长度。当值大于 100 时，长度或角度会增加，小于 100 时将减小。

"全部"选项：将对象的长度或角度改变为指定值。

"动态"选项：根据光标在屏幕上的位置来动态地改变对象的长度或角度。

十五、"拉伸"命令（Stretch）

"拉伸"命令可以通过拉伸对象来改变对象的形状，而不会影响其他部分。一个最普通的例子是将正方形拉伸为矩形，长度改变而宽度不变。

在使用"拉伸"命令时，与对象选取窗口相交的对象会被拉伸，完全在选取窗口外的对象不会有任何改变，完全在选取窗口内的对象将发生移动。此时，"拉伸"命令等同于"移动"命令。

激活"拉伸"命令后，AutoCAD 提示：

命令：_stretch

选择对象:/选取对象,按回车键结束对象选取。

拉伸由最后一个窗口选定的对象...

指定基点或[位移(D)]<位移>:/指定基点或按回车键。

指定第二个点或<使用第一个点作为位移>:/指定位移的第二点或按回车键。

注意：要拉伸的对象必须用交叉窗口或交叉多边形的方式来选取。

十六、"缩放"命令（Scale）

"缩放"命令可以改变已有对象或整个图形的大小。对象可以任意缩放，X、Y 和 Z 可以采用同一个比例因子。要放大一个对象，可输入大于 1 的比例因子，例如，比例因子为 3 时，对象放大 3 倍。如果要缩小一个对象，可选择 0～1 的比例因子，例如，比例因子为 0.75 时，所选定的对象缩小为当前的 3/4。

激活"缩放"命令后，AutoCAD 提示：

命令：_scale

选择对象：/选择要进行比例缩放的对象。

指定基点：/拾取对象上或其附近一点，或输入坐标值作为基点。

指定比例因子或[预定义]：/键入比例因子或键入"r"选择"预定义"选项。

基点可以是图形中任意一点。如果选定对象的一部分位于基点上，在对象大小改变后它仍保持在基点上。

例如，使用"缩放"命令将图形放大 3 倍。

命令：_scale

选择对象：/指定选取窗口的一个角点。

指定对角点：/指定选取窗口的对角点。

选择对象：/按回车键。

指定基点：/拾取基点。

指定比例因子或[预定义]：3　/输入"3"后按回车键。

AutoCAD 将所选对象放大 3 倍，如图 6-21 所示。

可以用"预定义"选项参照当前尺寸来缩放对象，而不用绝对比例因子。指定当前的尺寸作为参考长度，或通过指定要缩放的直线的两个端点来指定新的长度。AutoCAD 会自动计算比例因子并相应地放大或缩小对象。

按参照方式放大图形，如图 6-22 所示。

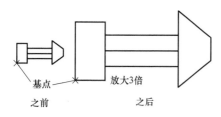

基点　放大3倍

之前　　　　　之后

图 6-21　用"缩放"命令放大一组对象

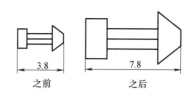

3.8　　　7.8

之前　　　之后

图 6-22　用"缩放"命令按参照方式放大一组对象

命令：_scale

选择对象：/指定选取窗口的一个角点。

指定对角点：/指定选取窗口的对角点。

选择对象：/按回车键。

指定基点 t：/拾取基点。

指定比例因子或［预定义］：r

指定预定义长度：3.8

指定新长度：7.8

十七、"分解"命令（Explode）

"分解"命令可以将多段线、多段圆弧（Polyarcs）以及多线（Multiline）分离成独立的、简单的直线和圆弧对象，也可以使块、填充图案和关联尺寸标注的这些整体对象分解成分离的对象。

激活"分解"命令后，AutoCAD 提示：

命令：_explode

选择对象：/选择要分解的对象并按回车键结束选取。

第三节　用夹点进行快速编辑

在"命令"提示下选择一个或多个要操作的对象，一个小方框会出现在对象的特殊点上，这些点称为夹点。夹点即为图形元素上的控制点。夹点出现在对象的端点、中点、中心点、象限点及插入点上。在启用夹点后，就可以通过对夹点的编辑实现对图形对象的编辑（如移动、拉伸、旋转、复制、比例缩放等）。图 6-23 显示了对象上夹点的位置。

1. 捕捉到夹点

在"命令"提示下选择一个或多个要操作的对象，就可以显示对象上的夹点。当光标移动到一个夹点上时，它会自动地捕捉夹点。

2. 夹点的状态

拾取某个对象后该对象会加亮显示（默认为蓝色），并显示其夹点，如图 6-24 所示。

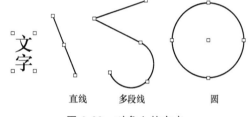

图 6-23　对象上的夹点

在某一个夹点上再次单击，该夹点由蓝色变成红色，即表示当前选择集中的对象进入了夹点编辑状态。单击鼠标右键可弹出一个快捷菜单，列出了夹点编辑模式下的所有选项，如图 6-25 所示。选择相应的选项即可进行移动、拉伸、旋转、复制、缩放和镜像等图形编辑操作。

可以同时拾取多个夹点，只要在拾取的同时按下<Shift>键即可。

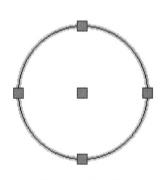

图 6-24　夹点的示例

图 6-25　显示夹点编辑方式的快捷菜单

3. 关闭夹点的显示

要关闭夹点的显示，可按<Esc>键。

第四节 编辑对象特性

AutoCAD 2019 中可以通过对象特性管理器（OPM）查看和修改对象的特征。

一、对象特性管理器

可按下列方式激活"特性"命令。

1）在"默认"选项卡的"特性"功能区中单击右下角的"特性"按钮，如图 6-26 所示。

2）在命令行中输入"properties"并按空格键或回车键。

3）通过快捷菜单选择。在选择了对象后，鼠标右键单击图形区域，从弹出的快捷菜单中选择"特性"选项，如 6-27 图所示。

4）通过快捷键选择。在任何时候，按<Ctrl+1>组合键即可激活"特性"命令。

图 6-26 "默认"选项卡中的"特性"按钮

图 6-28 所示的【特性】对话框是一个形式简单的表格式对话框。表中内容即为所选对象的特性，根据所选对象不同，表格中的内容也将不同。

对象管理器中提供了"快速选择"按钮，从而可以方便地建立供编辑用的选择集，单击"快速选择"按钮，弹出如图 6-29 所示的对话框。

图 6-27 从快捷菜单中激活
"特性"命令

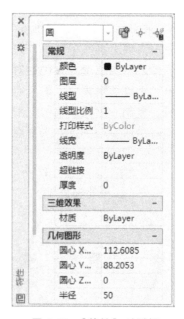

图 6-28 【特性】对话框

选择单个对象时，对象特性管理器将列出该对象的全部特性；选择了多个对象时，对象特性管理器将显示所选多个对象的共同特性；未选择对象时，对象特性管理器将显示整个图形的特性，如图 6-30 所示。用户可以在其中修改任何可以改变的特性。

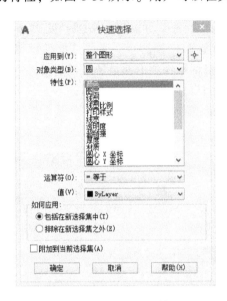

图 6-29 【快速选择】对话框（一）

图 6-30 无选择集时显示图形的总体特征

对象特性管理器允许按对象类型编辑对象。如果在选择集中含有同一类型的对象，则可以在对象特性管理器中编辑这一类对象的共同特性。

单击对象特性管理器上方的"快速选择"按钮，将出现【快速选择】对话框，双击其中的"特性"栏，将出现该特性所有可能的取值（调用附加对话框或提供下拉列表的方式），如图 6-31 所示。

二、特性匹配

"特性匹配"命令可用于将所选对象的特性复制到其他对象上。此功能也被称为"特性刷"。

激活"特性匹配"命令的方法如下：

1）从"特性"功能区中激活"特性匹配"命令，如 6-32 图所示。

2）在命令提示符下键入"matchprop"或"painter"，并按空格键或回车键。

激活"特性匹配"命令后，AutoCAD 提示：

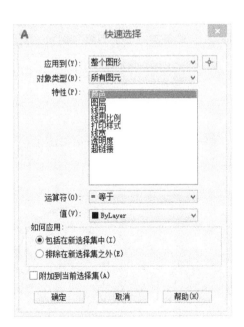

图 6-31 【快速选择】对话框（二）

命令：_matchprop

选择源对象：/选择一个其特性要被复制的对象。

当前活动设置： 颜色 图层 线型 线型比例 线宽 厚度 打印样式 标注 文字 填充图案 多段线 视口 表格 材质 阴影显示 多重引线

选择目标对象或［设置(S)］：/选择一个目标对象并按<Enter>键选取，或键入"s"来选择"设置"选项。

选择"设置"选项将显示【特性设置】对话框，如6-33图所示。通过【特性设置】对话框可设置对象的哪些特征被复制。默认情况下，此对话框中所有对象特征都将被选中，表示都要复制。AutoCAD就会把源对象的这些特征复制到目标对象上。

单击"确定"按钮关闭【特性设置】对话框，AutoCAD继续提示：

选定目标对象或［设置(S)］：/按回车键结束选取。

图 6-32 "特性匹配"命令

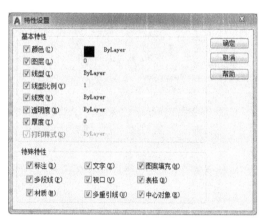

图 6-33 【特性设置】对话框

习　　题

绘制图 6-34~图 6-37 所示的图形。

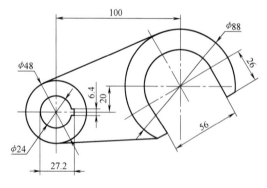

图 6-34　绘制练习（一）

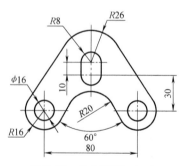

图 6-35　绘制练习（二）

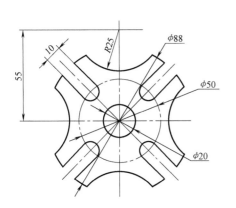

图 6-36 绘制练习（三）

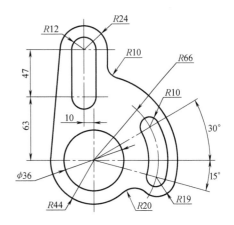

图 6-37 绘制练习（四）

第七章

文字和尺寸标注

一张完整的机械工程图样，除了要有一组视图，还必须标注尺寸、书写技术要求、填写标题栏。在 AutoCAD 中，可以通过设置字体样式、尺寸标注样式等，使文字与尺寸标注符合机械制图国家标准。

第一节　文　字　标　注

本节主要介绍文字样式的设置、文字的输入和编辑。"注释"功能区中包含这些命令按钮，如图 7-1 所示。

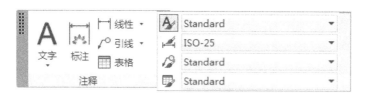

图 7-1　"注释"功能区

一、文字样式的设置

我国机械制图相关国家标准规定，工程图样中的汉字为长仿宋体，且应在不同的图幅中书写对应高度的文字。在 AutoCAD 中，应先设定文字的样式，然后再在该样式下输入文字。

单击"注释"功能区中的按钮 A，或选择下拉菜单"格式"→"文字样式"，弹出【文字样式】对话框，如图 7-2 所示。系统默认的文字样式的名称为"Standard"，它使用的字体文件为"txt. shx"，不符合机械制图相关国家标准，需重新设置。

单击"新建"按钮，弹出【新建文字样式】对话框，如图 7-3 所示，键入"汉字"作为

图 7-2　【文字样式】对话框

新文字样式的名称。返回【文字样式】对话框后，从"字体名"下拉列表中选中"仿宋GB_2312"字体，"高度"设为"5"（具体的字高也可在输入文字时确定），"宽度因子"设为"0.67"（长仿宋体的宽高比），单击"应用"按钮后关闭对话框。当前的文字样式即为符合机械制图相关国家标准的样式。

图7-3 【新建文字样式】对话框

二、文字的输入

AutoCAD 提供了两种文字输入方式：单行输入与多行输入，如图 7-4 所示。单行输入是指输入的每一行文字都被看作一个单独的实体对象，输入几行就生成几个实体对象；多行输入是指不管输入几行文字，系统都把它们作为一个实体对象来处理。

1. 单行文字的输入

当文字的行与行之间的距离不固定时，可以使用单行文字输入。AutoCAD 采用控制码实现特殊字符的输入，常用的控制码有：

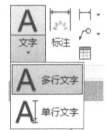

图7-4 文字输入方式

1）%%C 标注直径符号（φ）。

2）%%D 标注角度符号（°）。

3）%%P 标注公差正负符号（±）。

选择下拉菜单"格式"→"文字样式"，将"汉字"样式设置为当前文字样式，然后选择下拉菜单"绘图"→"文字"→"单行文字"，随后在命令窗口根据系统提示进行如下操作：

命令：_dtext
当前文字样式："汉字" 文字高度：2.5000 注释性：否
指定文字的起点或［对正(J)/样式(S)]：
指定高度<2.5000>：7
指定文字的旋转角度<0>：
输入以下文字：
计算机辅助绘图
1234567890
60%%d 80%
%%c50%%P0.025

系统提示当前文字样式为"汉字"，字高为 2.5。首先在图形窗口拾取输入文字的起点；然后设置文字高度为 7，旋转角度为默认值 0；最后选择合适的输入法输入汉字和数字。每一行作为一个对象，可连续输入多行的单行文字，直接按回车键可结束命令。

2. 多行文字的输入

如果输入的文字较多，用多行文字输入命令较方便。多行文字作为一个整体，可以进行移动、旋转、删除等多种编辑操作。

要输入如图 7-5 所示的文字，可单击下拉菜单"绘图"→"文字"→"多行文字"，或单击绘图工具栏里的"多行文字"按钮，用户在系统提示下在绘图窗口区确定多行文字窗口的第一角点和第二角点后，打开"文字编辑器"选项卡，如图7-6所示。

在该选项卡中，能够输入文字，并可对文字进行编辑，可以输入不同字体、不同高度、不同颜色的多个段落的文字；也可以输入特殊字符，在"符号"下拉列表中有角度、正负号、直径等符号；可将分数处理成斜排和水平两种形式；也可输入尺寸的上、下极限偏差，比如先输入"+0.032^-0.006"，然后将其选中，按钮 $\frac{b}{a}$ 随即变亮，单击该按钮后文字就变成上下偏差的形式。

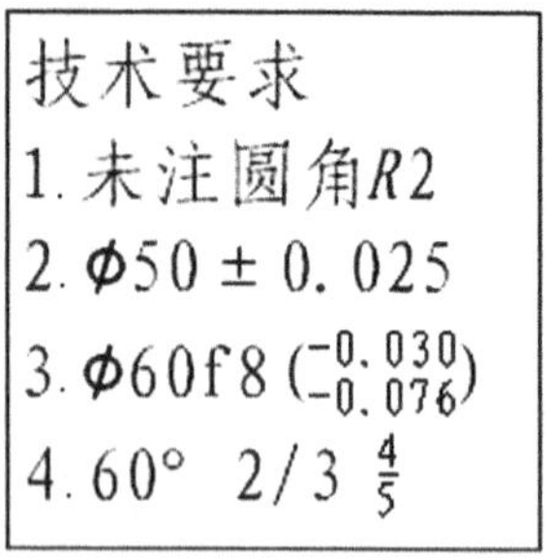

技术要求

1. 未注圆角R2

2. $\phi 50 \pm 0.025$

3. $\phi 60f8\left(^{-0.030}_{-0.076}\right)$

4. $60°\quad 2/3\ \frac{4}{5}$

图7-5　多行文字输入

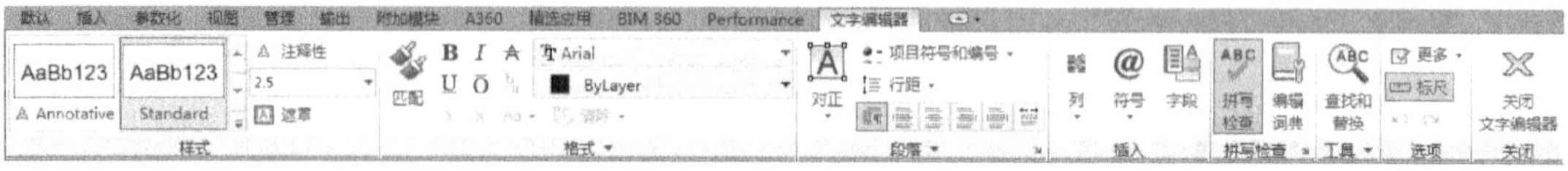

图7-6　"文字编辑器"选项卡

三、文字的编辑

使用文字编辑命令可以很方便地修改文字或编辑文字的属性。双击要修改的文字会弹出与图7-6相同的选项卡，可以对文字进行编辑；或选中文字后再单击鼠标右键，会弹出快捷菜单，然后在快捷菜单中选中"编辑多行文字"。

第二节　尺　寸　标　注

本节介绍尺寸样式的设置、尺寸的标注以及尺寸标注的编辑。

一、尺寸样式的设置

一个完整的尺寸是由尺寸线、尺寸界线、箭头及尺寸数字组成。设置尺寸样式实际上就是设置尺寸诸要素的值。

单击"注释"功能区中的按钮 或选择下拉菜单"格式"→"标注样式"，弹出【标注样式管理器】对话框，如图7-7所示。AutoCAD本身带有一个名为"ISO-25"的标注样式，但不符合我国制图国家标准。因此，进行尺寸标注之前，应先建立符合我国制图国家标准的标注样式。

单击【标注样式管理器】对话框中的"新建"按钮，弹出【创建新标注样式】对话框，如图7-8所示。在"新样式名"文本框中输入"基本样式"后，单击"继续"按钮，进入【新建标注样式：基本样式】对话框，如图7-9所示。该对话框共有七个选项卡，可依次作如下设置。

1. "线"选项卡

该选项卡包括"尺寸线"和"尺寸界线"两个选项组，如图7-10所示。

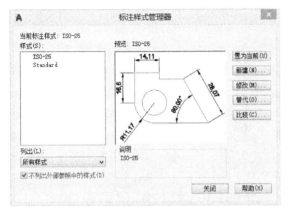

图7-7　【标注样式管理器】对话框

图7-8　【创建新标注样式】对话框

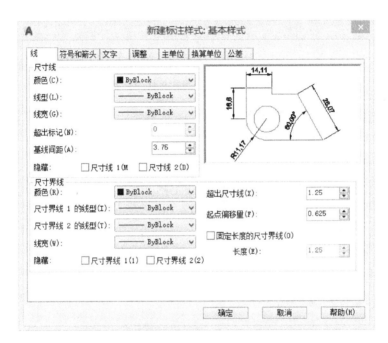

图7-9　【新建标注样式：基本样式】对话框

1）"尺寸线"选项组：尺寸线的"颜色"和"线宽"设为"ByLayer"，基线标注的各尺寸线间的距离即"基线间距"设为7，其他选项为默认值。

2）"尺寸界线"选项组：尺寸界线的"颜色"和"线宽"设为"ByLayer"，尺寸界线超出尺寸线的长度即"超出尺寸线"设为2~3，尺寸界线离轮廓线的起点偏移量即"起点偏移量"设为0，尺寸界线的复选框不选中，即不进行抑制。

2．"符号和箭头"选项卡

该选项卡包括"箭头""圆心标记""折断标注""弧长符号""半径折弯标注""线性折弯标注"六个选项组。

1）"箭头"选项组："箭头大小"设为3，箭头形式可在下拉列表中选择，这里选择为"实心闭合"。

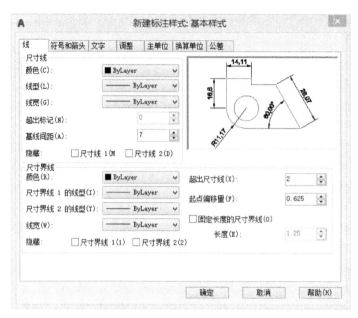

图 7-10 尺寸线与尺寸界线的设置

2）"圆心标记"选项组：类型选为"无"，即不标注圆心，如图 7-11 所示，其他为默认值。

图 7-11 符号和箭头的设置

3. "文字"选项卡

该选项卡包括"文字外观""文字位置"和"文字对齐"三个选项组。

1）"文字外观"选项组："文字样式"选为"汉字"，"文字颜色"设为"ByLayer"，如图 7-12 所示。

2）"文字位置"选项组：选用默认值，即垂直方向上设为文字在尺寸线的上方，水平方向上设为文字在尺寸线的中间，尺寸文字偏离尺寸线的距离设置为 0.625，如图 7-12 所示。

3）"文字对齐"选项组：选用默认值"与尺寸线对齐"。

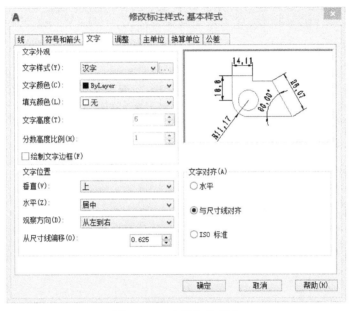

图 7-12 "文字"选项卡

4. "调整"选项卡

该选项卡主要分为"调整选项""文字位置""标注特征比例""优化"四个选项组，如图 7-13 所示。

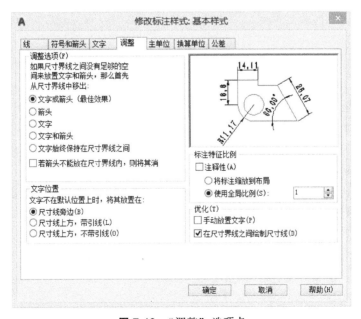

图 7-13 "调整"选项卡

1）"调整选项"选项组：选用"文字或箭头（最佳效果）"，表示当尺寸界线之间的空间狭小时，自动按最佳效果选择文字或箭头放在尺寸界线之外。

2）"文字位置"选项组：选用默认设置，即当尺寸文字不是放在默认位置时，将其放在尺寸线旁边。

3）"标注特征比例"选项组：选用默认设置，即"使用全局比例"设为1，全局比例不影响尺寸的数值，只影响尺寸数字、箭头等要素的大小。

4）"优化"选项组：选择第二项，强制在尺寸界线之间绘制尺寸线。

5. "主单位"选项卡

该选项卡主要包括"线性标注"和"角度标注"两个选项组，如图7-14所示。

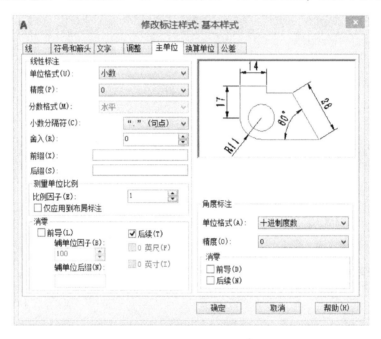

图7-14 "主单位"选项卡

（1）"线性标注"选项组

1）单位格式：选择"小数"。

2）精度：设为0，即取整数。

3）小数分隔符：设为句点"."即可。

4）尺寸文字的前缀与后缀：不添加。

5）测量单位比例："比例因子"设为1，即标注图形的实际尺寸。测量比例是指标注的尺寸数值与所绘图形的实际尺寸之间的比例。

6）消零：前导零（小数点前面的零）不抑制，后续零抑制。

（2）"角度标注"选项组

1）单位格式：选择"十进制度数"。

2）精度：设为0，即取整数。

3）消零：都不抑制。

6．"换算单位"选项卡

在工程制图中一般不用这一项。

7．"公差"选项卡

暂时设置为不标注公差，如图 7-15 所示。

当所有的设置完成后，返回【标注样式管理器】对话框，如图 7-16 所示。若要以"基本样式"为当前标注样式，单击"样式"列表中的"基本样式"，使之变蓝，再单击"置为当前"按钮，最后关闭对话框即可。

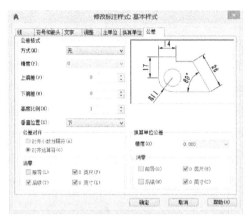

图 7-15　"公差"选项卡

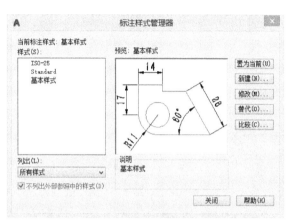

图 7-16　【标注样式管理器】对话框

二、尺寸标注

AutoCAD 提供了众多的尺寸标注命令，可以标注长度、半径、直径、尺寸公差、形位公差、倒角、序号等。这些命令可以从命令行输入，也可以从下拉菜单激活，如图 7-17a 所示，最方便的是在"注释"功能区单击相关图标按钮，如图 7-17b 所示。

1．线性标注

线性标注可以标注水平尺寸和垂直尺寸。

选择"基本样式"标注如图 7-18 所示的图形。选择下拉菜单"标注"→"线性"，或单击工具栏中的"线性标注"按钮，然后捕捉 *a* 点和 *b* 点，拖动光标确定尺寸标注位置按回车键即可。

重复执行"线性标注"命令，即可标注 *b* 点和 *c* 点之间的尺寸。

在工程图样中，经常要绘制和标注对称图形，如图 7-19 所示。可以建立一个专门的标注样式——"抑制样式"，它与"基本样式"的设置基本相同，仅需要修改"线"选项卡（参见图 7-10）中的参数：在"尺寸线"选项组中勾选复选框"尺寸线 2"，在"尺寸界线"选项组中勾选复选框"尺寸界限 2"。设置好"抑制样式"后，执行"线性标注"命令：

命令：_dimlinear

指定第一条尺寸界线原点或<选择对象>：/捕捉 *d* 点。

指定第二条尺寸界线原点：/捕捉 *e* 点。

指定尺寸线位置或

[多行文字（M）/文字（T）/角度（A）/水平（H）/垂直（V）/旋转（R）]：*t*/准备修改尺寸数值。

a)"标注"下拉菜单

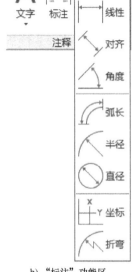

b)"标注"功能区

图7-17 尺寸标注命令

输入标注文字<25>：50

最后拖动光标确定尺寸的位置，按回车键即可。

2. 对齐标注

对齐标注是指尺寸线与两条尺寸界线始末点的连线平行，它可以标注水平或垂直方向的尺寸，也可以标注倾斜的尺寸，而线性标注只能标注水平或垂直的尺寸，所以对齐标注可以完全代替线性标注。

选择下拉菜单"标注"→"对齐"，或单击工具栏中的"对齐标注"按钮，在"基本样式"下标注如图7-20所示的图形。

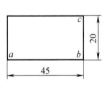

图7-18 线性标注

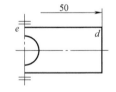

图7-19 抑制尺寸线的标注

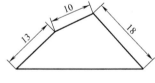

图7-20 对齐标注

3. 基线标注

基线标注是指各尺寸线从同一尺寸界线引出。

要标注如图7-21所示的图形，先用"线性标注"命令标注出 a、b 两点之间的尺寸，再选择下拉菜单"标注"→"基线"，或单击工具栏中的"基线"按钮，然后单击 d 点自动标出 a、d 两点之间的尺寸，单击 f 点自动标出 a、f 两点之间的尺寸。

4. 连续标注

连续标注是指相邻尺寸线共用同一尺寸界线。

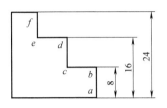

图 7-21　基线标注

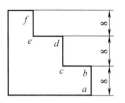

图 7-22　连续标注

要标注如图 7-22 所示的图形，先用"线性标注"命令标注出 a、b 两点之间的尺寸，再选择下拉菜单"标注"→"连续"，或单击工具栏中"连续标注"按钮，然后单击 d 点自动标出 c、d 两点之间的尺寸，单击 f 点自动标出 e、f 两点之间的尺寸，按回车键可结束命令。

5. 角度标注

角度标注的两条直线必须能相交，它不能标注平行的直线。国家标准中规定，在工程图样中标注的角度值必须水平放置，而"基本样式"中设置的尺寸数值与尺寸线平行，所以需要建立一个符合国家标准的标注角度的样式。

在【标注样式管理器】对话框中，将"基本样式"设为当前，单击"新建"按钮，弹出如图 7-23 所示对话框，在"用于"下拉列表中选择"角度标注"，然后返回"文字"选项卡，设置角度文字水平放置，如图 7-24 所示，"文字位置"中的"垂直"选项选择"外部"。完成后，【标注样式管理器】对话框则会显示在"基本样式"下已生成"角度"标注子样式，如图 7-25 所示。当执行"标注角度"命令时，AutoCAD 会自动采用"基本样式"下的"角度"标注子样式。

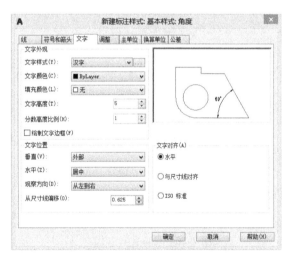

图 7-23　创建新标注样式

图 7-24　设置角度文字水平放置

要标注如图 7-26 所示的图形，选择下拉菜单"标注"→"角度"，或单击工具栏中的"角度标注"按钮即可。

6. 半径标注

要标注如图 7-27 所示的图形，选择下拉菜单"标注"→"半径"，或单击工具栏中的"半

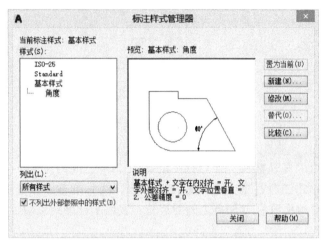

图 7-25 生成"角度"标注子样式

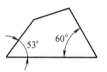

图 7-26 角度标注

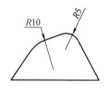

图 7-27 半径标注

径标注"按钮,即可直接标注出"R5"。要想标注出"R10"的形式,可先调出【标注样式管理器】对话框,将"基本样式"设为当前,单击"替代"按钮,选择"文字"选项卡,设置角度文字水平放置,如图 7-28 所示。返回【标注样式管理器】对话框,会发现在"基本样式"下生成了一个"样式替代",如图 7-29 所示,随后执行"半径标注"命令,即可标注出"R10"。

"样式替式"是一个临时样式,当要切换到其他标注样式时,"样式替代"即被删除,但用它所标注的尺寸不受任何影响。

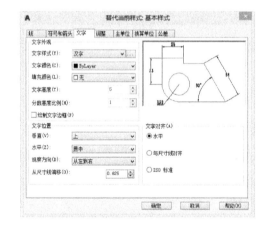

图 7-28 设置样式替代

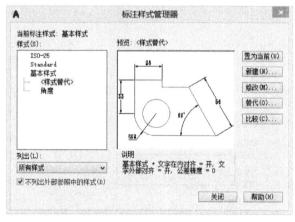

图 7-29 生成替代子样式

7. 直径标注

选择下拉菜单"标注"→"直径",或单击工具栏中的"直径标注"按钮,命令行提示:

命令:_dimdiameter

选择圆弧或圆:/拾取要标注的圆弧或圆。

标注文字 =60/提示当前尺寸数值。

指定尺寸线位置或 [多行文字(M)/文字(T)/角度(A)]:m/调用多行文字编辑器。

图 7-30 所示是标注的圆直径的常见形式。

在图样的绘制过程中，经常会在非圆视图上标注直径尺寸，如图 7-31 所示。可以新建一个尺寸样式"直径标注"，如图 7-32 所示，在"主单位"选项卡"前缀"文本框中输入"%%c"，如图 7-33 所示。若要标注"φ16h7"，在"后缀"文本框中输入"h7"即可。

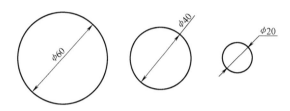

图 7-30　直径标注

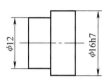

图 7-31　非圆视图

图 7-32　创建新样式

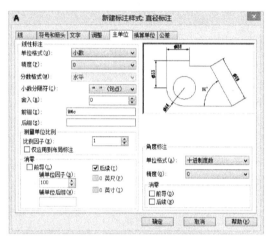

图 7-33　尺寸数字前、后缀的设置

8. 引线标注

引线标注可以标注说明或注释性文字，也可用来标注倒角和装配图中的零件序号，如图 7-34 所示。

单击"注释"功能区中的按钮 ⌒ ，或选择下拉菜单"格式"→"标引线式"，弹出【多重引线样式管理器】对话框，如图 7-35 所示。

新建"引线"样式，分别在"引线格式""引线结构""内容"选项卡中设置相关内容，分别如图 7-36 ~ 图 7-38 所示。

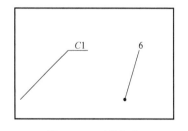

图 7-34　引线标注

标注倒角时，要在"引线格式"选项卡中，把"箭头"的"符号"设置为"无"，将"引线结构"选项卡"约束"选项组的"第一段角度"设为"45"，"第二段角度"设为"0"，如图 7-39 所示。

标注序号时，如图 7-40 所示，把"箭头"的"符号"设置为"·小点"，在"引线结构"选项卡"约束"区域，将"第一段角度"设为"任意角度"，将"第二段角度"设为 0。

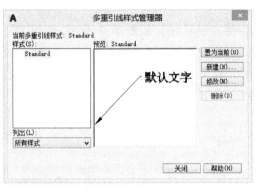

图 7-35 【多重引线样式管理器】对话框

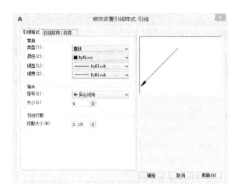

图 7-36 "引线格式"选项卡

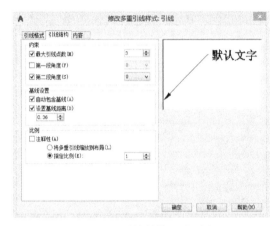

图 7-37 "引线结构"选项卡

图 7-38 "内容"选项卡

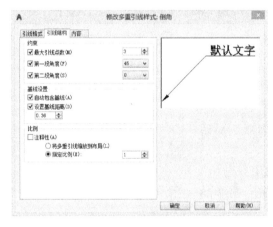

图 7-39 倒角样式的设置

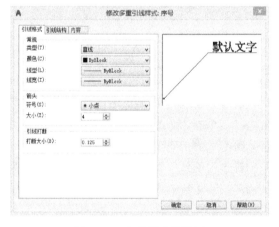

图 7-40 序号样式的设置

9. 尺寸公差标注

工程图样中经常需要标注尺寸公差。尺寸公差是尺寸误差的允许变动范围。在一张工程图样中，各尺寸的公差值一般都不相同，用户需键入各尺寸的公差数值。

如果每次标注不同公差时，都要把尺寸的所有参数设置一遍，不仅很麻烦，而且可能导致标注风格不统一。"替代"命令可基于"基本样式"生成一个临时的覆盖子样式，却不影响"基本样式"的设置以及在"基本样式"下标注的其他尺寸。当选择其他样式为当前样式时，该覆盖子样式将自动被删除。所以，利用"替代"命令标注尺寸公差非常方便。

在【标注样式管理器】对话框中，将"基本样式"设为当前，单击"替代"按钮，弹出【替代当前样式：基本样式】对话框，单击"公差"选项卡。在"公差格式"选项组的"方式"下拉列表中可以选择公差标注的方式：对称、极限偏差、极限尺寸、公称尺寸。其中，图 7-41 所示的对称偏差标注和图 7-42 所示的极限偏差标注最为常用，下面分别说明它们的设置方法。

图 7-41　对称偏差标注

图 7-42　极限偏差标注

（1）对称偏差设置

如图 7-43 所示，在"公差格式"选项组，将"方式"选为"对称"，"精度"设为"0.000"，"上偏差"输入"0.025"（根据实际情况而变化），公差字高与尺寸数字的"高度比例"设为"1"，"垂直位置"设为"中"，"消零"等选项设为默认值。确定后返回【标注样式管理器】对话框，会发现在"基本样式"下生成了一个覆盖子样式，关闭对话框后，执行"线性标注"命令即可。

（2）极限偏差设置

如图 7-44 所示，将"方式"选为"极限偏差"，"精度"设为"0.000"，"上偏差"输入"0.016"，"下偏差"输入"0.006"（根据实际情况而变化），公差字高与尺寸数字的高度比例设为"0.5"，"垂直位置"设为"中"，其余选项设为默认值。确定后退出对话框，执行"线性标注"命令即可。

注意：AutoCAD 系统默认上偏差为正值，下偏差为负值，键入的数值自动带正负符号。若再输入正负号，则系统会根据"负负得正"的数学原则显示数值的符号，比如，下偏差值为"−0.006"，则输入"0.006"，效果如图 7-42 所示。

另外，在标注不同公差时，都调出【标注样式管理器】对话框是十分繁琐的，用户可在新建立的覆盖子样式下，将公差形式相同的尺寸都标注出来，然后利用 Dimtp 命令输入上偏差的值，利用 Dimtm 命令输入下偏差的值，再执行"尺寸更新"命令，不必进入对话框就可以依次改变各尺寸的公差值。

比如，在标注完如图 7-42 所示的公差数值之后，要想修改公差数值，可键入命令：

命令：_dimtp

输入 DIMTP 的新值<0.0160>：0.038

命令：_dimtm

输入 DIMTM 的新值<0.0060>：0.012

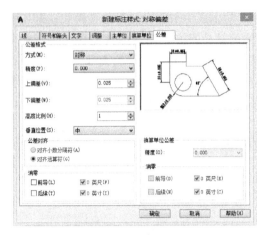

图 7-43　对称偏差的设置

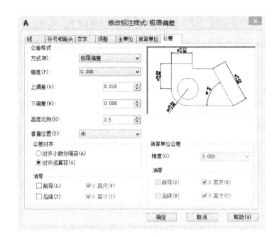

图 7-44　极限偏差的设置

然后单击下拉菜单"标注"→"更新",再单击要修改的尺寸,上偏差值由"+0.016"改变为"+0.038",下偏差值由"-0.006"改变为"-0.012",结果如图 7-45 所示。若调出【标注样式管理器】对话框,同样会发现生成了一个覆盖子样式,说明以上两个命令与"覆盖"命令的作用相同。

10. 形位公差标注

零件图经常需要标注形位公差,形位公差是零件构成要素的几何形状及要素的实际位置相对理想形状或理想位置的允许变动量。形位公差主要包括形状公差和位置公差。形状公差包括直线度公差、圆度公差、平面度公差等;位置公差包括对称度公差、位置度公差、同轴度公差等。

AutoCAD 先用"引线"命令标注引线,再用"公差"命令标注公差,也可以先标注形位公差再绘制引线。

要标注如图 7-46 所示的形位公差,可设置"形位公差引线"样式如图 7-47 所示,在"引线结构"选项卡中将引线的"约束"选项组的"第一段角度"和"第二段角度"均设为"90",其余项为默认值。

图 7-45　命令行修改公差

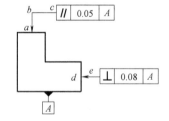

图 7-46　形位公差标注图

选择下拉菜单"标注"→"公差",弹出【形位公差】对话框,如图 7-48 所示,单击"符号"项中的"■",弹出【特征符号】对话框,如图 7-49 所示,选择所需的形位公差符号,确认后返回【形位公差】对话框,输入公差值和基准符号等项目。

绘制引线时,在适当位置依次拾取起点 a、拐点 b 和终点 c。若引线不需要转折,依次拾取起点 d、拐点 e 之后,不必拾取终点直接按回车键即可进入下一步。

AutoCAD 没有提供基准符号,用户可以自行绘制,制作成图块。

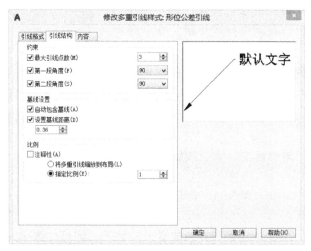

图 7-47 "引线结构"选项卡

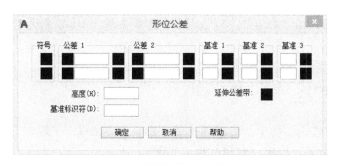

图 7-48 【形位公差】对话框

图 7-49 【特征符号】对话框

11. 快速标注

通过下拉菜单"标注"→"快速标注"可以执行"快速标注"命令。快速标注可以先选择要标注的实体，再决定如何标注，方便快捷。"快速标注"命令可以进行连续标注、半径标注、基线标注、线性标注以及编辑标注等。

三、尺寸标注的编辑

尺寸标注完毕后，除了可以采用夹点编辑方式调整尺寸的位置外，AutoCAD 还提供了若干编辑命令，不但可以修改尺寸，还可用来添加各种前缀与后缀或进行尺寸样式的修改。

1. 尺寸样式的修改

如果在某标注样式下所标注的全部尺寸有需要修改的共同要素，则应打开【标注样式管理器】对话框，单击"修改"按钮，修改该类尺寸的有关参数设置。在该样式下已标注的尺寸和将要标注的尺寸都将显示修改后的样式。

2. 尺寸更新

要修改某一个尺寸的标注样式，可以先设置新样式或新建立一个临时的覆盖子样式，将其设为当前，然后选择下拉菜单"标注"→"更新"，或单击"标注更新"按钮，再单击需要更新的尺寸即可。被更新的尺寸已与原标注样式没有关系。

该命令可用来为已标注的尺寸添加前缀和后缀。例如，标注"M8-7H"时，先进行线性标注，标出"8"；再设置覆盖子样式，在"主单位"选项卡中，将尺寸数字的前缀设为"M"，后缀设为"-7H"，最后执行"更新"命令即可。

3. 尺寸编辑

在 AutoCAD 中，对已标注的尺寸可以修改尺寸文本的内容、尺寸文本的位置，改变箭头的显示样式及尺寸界线的位置等。编辑尺寸标注的命令主要有"编辑标注"和"编辑标注文字"。

（1）编辑标注

在工具栏中单击"编辑标注"命令按钮，此时命令行提示：

命令：_dimedit

输入标注编辑类型［默认（H）/新建（N）/旋转（R）/倾斜（O）］<默认>：

各选项的含义如下：

1）"默认"选项：按默认位置和方向放置尺寸数字，即尺寸数字为水平居中。

2）"新建"选项：修改尺寸数字的数值。执行该选项后，弹出【文字格式】对话框，符号"< >"代表现有的尺寸数字，用户可以在已有数字前插入前缀，如输入"%%C"（用"Txt. shx"字体）；也可以插入后缀，如"f7 $\binom{-0.020}{-0.041}$"；同样也可以将"< >"符号删掉，输入新的尺寸数字。

3）"旋转"选项：将尺寸数字旋转一定的角度。

4）"倾斜"选项：使尺寸界线倾斜，与尺寸线不垂直。

（2）编辑标注文字

选择下拉菜单"标注"→"对齐文字"命令，选择其中的"默认""角度""左""中""右"选项，或者单击"编辑标注文字"按钮，命令行提示如下：

命令：_dimtedit

选择标注：/选择要编辑的尺寸。

指定标注文字的新位置或［左（L）/右（R）/中心（C）/默认（H）/角度（A）］：

该命令用于调整整个尺寸离图形的远近、尺寸数字在尺寸界线之间居于左、中、右的位置以及相对于尺寸线的角度。

习　题

7-1　如何创建符合国家标准的文字样式？

7-2　单行文本和多行文本有何区别？

7-3　如何创建符合国家标准的尺寸标注样式？

7-4　长度尺寸标注包括哪几种类型？

7-5　标注角度、半径和直径尺寸需要注意哪些问题？

7-6　如何标注倒角？如何标注装配图中明细表的序号？

7-7　如何标注和编辑各种形式的尺寸公差？如何标注形位公差？

7-8　尺寸标注的编辑命令有哪些功能？

第八章

二维工程图样的绘制

第一节　建立样板图

当用 AutoCAD 软件绘制一幅工程图样时，首先要设置图幅、图层、文本样式、标注尺寸样式、绘制边框、标题栏，以及设置绘制单位、精确度等。为提高绘图效率，且使绘制图样风格统一，可将这些设置一次完成，保存为样板文件，供每次绘制图样时直接调用。

一、建立样板图

AutoCAD 中提供了许多样板图，但都不符合我国的国家标准。要建立一张 A3 幅面的样板图，步骤如下。

1. 设置图纸幅面

设置图纸幅面为 A3，然后执行"缩放"命令，全屏显示 A3 图纸幅面。

命令行提示如下：

命令：_zoom

指定窗口的角点，输入比例因子（nX 或 nXP），或者

[全部（A）/中心（C）/动态（D）/范围（E）/上一个（P）/比例（S）/窗口（W）/对象（O）]<实时>：a

正在重生成模型。

2. 设置图层、文本样式、标注样式

1）设置图层：建立如表 8-1 所示的图层。

2）设置文本样式：设置如表 8-2 所示的文本样式。

3）设置标注样式：设置如表 8-3 所示的标注样式。

表 8-1　设置图层

图层名	功　　能
边框线	绘制图纸边框和标题栏边框
粗实线	绘制可见轮廓线
细实线	绘制尺寸线
细点画线	绘制对称中心线、轴线等
虚线	绘制不可见轮廓线
剖面线	填充剖面区域

表8-2　设置文本样式

样式名称	功　　能
汉字	标注图中的文字说明内容
斜体	标注斜体文字
数字	标注图中的数字

表8-3　设置标注样式

样式名称	功　　能
基本样式	标注水平或竖直的长度尺寸或半径尺寸
直径样式	标注非圆视图上的直径尺寸
抑制样式	对称图形的半标注
公差样式	标注带有公差的尺寸

3. 绘制图纸边框、图框及标题栏

1）绘制边框：设置细实线层为当前层，执行"矩形"的命令，绘制如图8-1所示的图样。

执行"矩形"命令，命令行提示如下：

命令：_rectang　　　　　　　　　　　　　　　　　　　　/绘制图纸边框线。

指定第一个角点或［倒角（C）/标高（E）/圆角（F）/厚度（T）/宽度（W）］：0,0　　　/输入矩形的左下
　　　　　　　　　　　　　　　　　　　　　　　　　　　　　　　　　　角点坐标。

2）绘制图框：设置粗实线层为当前层。

指定另一个角点或［面积（A）/尺寸（D）/旋转（R）］：420,297　　　/输入矩形的右上
　　　　　　　　　　　　　　　　　　　　　　　　　　　　　角点坐标。

命令：_rectang　　　　　　　　　　　　　　　　　　　　/绘制图框线。

指定第一个角点或［倒角（C）/标高（E）/圆角（F）/厚度（T）/宽度（W）］：@-5,-5　　/利用相对坐标,即相
　　　　　　　　　　　　　　　　　　　　　　　　　　　　　　　　　对于前一点（420,
　　　　　　　　　　　　　　　　　　　　　　　　　　　　　　　　　297)的坐标。

指定另一个角点或［面积（A）/尺寸（D）/旋转（R）］：25,5　　　　　/指定左下角点。

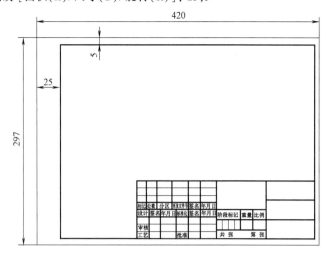

图8-1　绘制边框和标题栏

3）绘制标题栏：按标题栏的国家标准绘制。绘制标题栏时，可以用"偏移"命令结合"修剪"命令来完成。绘制完成后填写框内的文字，如图 8-2 所示。

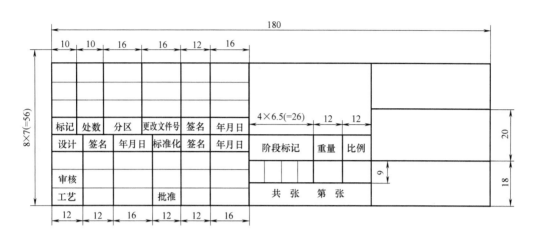

图 8-2　绘制标题栏

4. 将标题栏及边框定义为外部块

为了绘图方便，不管机件的尺寸多大，都习惯用 1∶1 的比例来进行绘制。待到打印出图时，再用"缩放"命令，将图形放大或缩小以符合图纸幅面的大小。但是，标题栏和边框是不缩放的，所以要把标题栏和边框存成外部块。关于图块的知识在下一节介绍。

5. 建立样板图文件

建立样板图文件，就是将完成各种设置的图形文件以".dwt"为扩展名保存。

单击"保存"命令按钮，在弹出的【图形另存为】对话框中，将"文件类型"中的文件扩展名设置为"＊.dwt"，"文件名"为"A3"，如图 8-3a 所示。

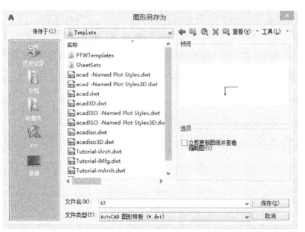

a) 保存样板图

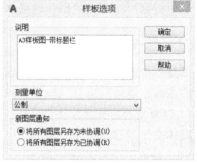

b)【样板选项】对话框

图 8-3　样板图的保存

单击"保存"按钮，退出该对话框，弹出【样板选项】对话框，如图 8-3b 所示，在"说明"文本框中输入"A3 样板图-带标题栏"。单击"确定"按钮，退出对话框，完成样板图的保存。

用同样的方法，可以建立 A0、A1、A2、A4 的样板图文件。

二、调用样板图

建好的样板图文件可以随时打开，在样板图上绘制图形。单击"新建"按钮，显示【选择样板】对话框。从列表中选择"A3.dwt"。单击"确定"，A3 样板图即被打开。检查一下建立的图层和标注样式是否存在，如果存在，即可在上面进行绘图工作。绘制完成后，以 .dwg 文件类型保存图形文件即可。

第二节 图 块

图块是具有名字的图形对象的集合。组成图块的各对象可以有各自的图层、线型、颜色等特征，但 AutoCAD 将图块作为一个独立的、完整的对象来操作。用户可以根据作图需要用图块名将该组对象按给定的比例因子和旋转角度插入到图中指定位置，也可以对整个图块进行复制、移动、旋转、缩放、镜像、删除等操作。

图块的作用及特点如下：

1）图块的可重复性。在设计中，经常会遇到一些重复出现的图形，若将这些图形定义成图块保存，可根据需要在不同位置任意多次插入该图块，从而避免了大量的重复工作，提高了绘图速度和效率。

2）便于图形修改。在方案设计、技术改造等工程项目中，需要反复修改图形。只要将已定义的图块进行修改，AutoCAD 将会自动更新插入的图块。

3）节省存储空间。在图形数据库中，插入当前图形中的同名块，只存储为一个块定义，而不记录重复的构造信息，可以大大地减少文件占用的磁盘空间。图块越复杂，插入的次数越多，越能体现出其优越性。

4）便于携带属性。AutoCAD 允许把属性附加到图块上，即加入文本信息。这些信息可以在每次插入图块时改变，而且还可以像普通文本一样显示或不显示。另外，这些信息可以从图形中提取出来，为数据管理提供数据源。

一、图块的建立

创建一个图块，首先要绘制组成图块的图形，然后将其定义成图块。定义图块可以用命令行的方式，也可以用对话框的方式。

1. 以命令行方式定义图块

具体操作过程如下：

命令:_block

输入块名或［?］:Name   /输入块名。

如果输入的块名"Name"存在，则提示：

块"Name"已存在。是否重定义？［是(Y)/否(N)］<N>:

如果输入"Y"，则对该块重新定义，旧块将被代替；如果输入"N"或直接按回车键，则退出 Block 命令。

在"输入块名或 [?]:"提示下, 如果输入"?"后按回车键, AutoCAD 将切换到文本窗口, 显示当前已建立的块的信息。

如果输入块名后按回车键, AutoCAD 提示:

指定插入基点或 [注释性(A)]:　　　　　　　　　　　　　/指定块的插入基点。

选择对象:　　　　　　　　　　　　　　　　　　　　　/选择要定义成块的对象。

选择对象:　　　　　　　　　　　　　　　　　　　　　/也可以继续选择欲定义成块的对象。

如果此时按回车键, 可结束选择, AutoCAD 根据指定的块名、所选择的对象以及插入基点来定义块。

执行完"块"命令后, 用于建块的图形对象在屏幕上会同时消失。可用"恢复"命令恢复这些图形对象。

2. 以对话框方式定义图块

可以通过以下方式打开【块定义】对话框定义块。

1) 在命令符提示下输入"block"并按回车键或空格键。

2) 从"绘图"菜单中选择"块"子菜单中的"创建"选项。

图 8-4　"块"功能区

3) 在"块"功能区中单击"创建"图标按钮。图 8-4 所示为"块"功能区。

执行命令后, 弹出【块定义】对话框, 如图 8-5 所示。

图 8-5　【块定义】对话框

对话框中各项含义如下:

1) 名称:可以在该文本框中输入块名。

单击右边的下拉按钮, 会显示已定义的块。

2) 基点:指定块的插入基点。

用户可以直接在"X""Y""Z"三个文本框中输入基点坐标位置。如果单击"拾取点"按钮, 则切换到绘图窗口并提示"指定插入基点:", 此时应在绘图区中指定一点作为新建块的插入基点, 然后返回到【块定义】对话框, 刚指定的基点坐标值将显示在"X"

"Y""Z"三个文本框中。

3）对象：指定组成块的对象。

单击"选择对象"按钮，返回绘图状态，并提示"选择对象："，在此提示下选择所需的对象。选取完毕，按回车键返回对话框。各选项含义："保留"是指定义块后保留原对象；"转换为块"是指将当前图形中所选对象转换为块；"删除"是指定义块后绘图区删去组成块的对象。

4）方式：指定块的行为。

其中，"注释性"是指定块为注释性标注；"使块方向与布局匹配"是指定在图纸空间视口中的块参照的方向与布局的方向匹配，如果未选择"注释性"选项，则该选项不可用；"按统一比例缩放"是指定是否阻止块参照不按统一比例缩放；"允许分解"是指定块参照是否可以被分解。

5）设置：用于选择插入单位。

单击右边的下拉按钮，根据需要选择单位，也可指定为无单位。

6）说明：用于输入块文字描述信息。

二、块的插入

将一组对象定义成块后，就可按一定的比例和旋转角度插入到图中。可以用命令行或对话框的方式插入块。使用"多重插入"（Minsert）命令能以矩形阵列的形式进行多重插入。

1. 以命令行方式插入图块

命令：_Insert

输入块名或［?］:/输入块名或输入"?"后按回车键,显示已有块的信息。

指定插入点或［基点（B）/比例（S）/X/Y/Z/旋转（R）］:

1）"插入点"：指定一点作为插入点。该点将与建块时所确定的插入基点重合。

2）"比例"：指定插入的比例因子。执行该选项，AutoCAD 提示：

指定 XYZ 轴的比例因子<1>:   /指定插入的比例因子。

指定插入点或［基点（B）/比例（S）/X/Y/Z/旋转（R）］:   /指定插入的基点。

指定旋转角度<0>:   /指定插入的旋转角。

3）"X/Y/Z"：指定插入三维图形时在 X、Y、Z 轴三个方向的比例因子。如执行"X"选项，AutoCAD 提示：

指定 X 比例因子: /指定 X 方向的比例因子。

指定插入点或［基点（B）/比例（S）/X/Y/Z/旋转（R）］:   /指定插入基点。

指定旋转角度<0>:   /指定插入的旋转角。

4）"旋转"：设置插入块时的旋转角度。执行该选项，AutoCAD 提示：

指定旋转角度: /指定旋转角度。

指定插入点: /指定插入基点。

2. 以对话框方式插入图块

可以通过下列方式打开【插入】对话框插入块。

1）在命令符提示下输入"insert"并按回车键或空格键。

2）从"插入"菜单中选择"块"选项。

3）在绘图工具栏中单击插入块的图标按钮 。

弹出的【插入】对话框如图 8-6 所示。

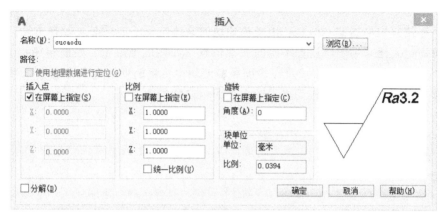

图 8-6　【插入】对话框

对话框中各项含义如下：

1）"名称"文本框：用于输入要插入图块的块名。单击右边的下拉按钮，则显示已定义的块，可以从中选取要插入的图块。单击"浏览"按钮，则打开【选择图形文件】对话框，可在该对话框中选择图形文件，将所选的图形文件作为块插入。

2）"插入点"选项组：指定块的插入点。"在屏幕上指定"表示直接从绘图窗口或命令窗口指定，也可以在"X""Y""Z"文本框中输入插入点的坐标。

3）"比例"选项组：设置插入的比例因子。可在绘图窗口中指定，也可从文本框中输入。

4）"统一比例"复选框：指定统一的 X、Y、Z 方向的比例因子。勾选该选项，仅"X"文本框有效，设置 X 方向的比例因子，Y、Z 方向采用与 X 方向相同的比例因子。

5）"旋转"选项组：设置插入块的旋转角度。可在绘图窗口中指定，也可从文本框中输入。

6）"分解"复选框：勾选此项，AutoCAD 会在插入块的同时把块分解成单个的对象。

3. 以矩形阵列形式插入

"多重插入"（Minsert）命令用于将指定的块按阵列的形式复制后插入到指定位置，使用该命令插入的块不能被修改或分解。操作过程如下：

Command：_minsert

输入块名或［?］：　　　　　　　　　　　　　　　/输入块名。

指定插入点或［基点(B)/比例(S)/X/Y/Z/旋转(R)］：：

以上操作同"插入"命令。

输入行数（---)<1>：　　　　　　　　　　　　/输入阵列的行数。

输入列数(|||)<1>：　　　　　　　　　　　　/输入阵列的列数。

输入行间距或指定单位单元（---）：　　　　　　/输入阵列行间距。

指定列间距（|||）：　　　　　　　　　　　　/输入阵列列间距。

操作完成后，块按指定的格式实现矩形阵列插入。

注意：比例因子可正可负。若为负值，其结果是插入镜像图。插入块时，插入点将作为块定义中的插入基点。用边框确定比例时，第二点应位于插入点的右上方，否则表示负比例因子而插入原始图形的镜像图。在"指定旋转角度："提示下，若指定一个点，则 AutoCAD 自动测量插入点和该点的连线与 X 轴正向的夹角，并以此角作为块的旋转角。

三、图块的属性

属性是存储在块中的文本信息，用于描述块的某些特征。如果图块带有属性，在插入该图块时，可通过属性来为图块设置不同的文本信息。如在机械图中，表面粗糙度 Ra 的值有 $6.3\mu m$、$12.5\mu m$、$25\mu m$ 等，用户可在表面粗糙度块中将粗糙度值定义为属性，当每次插入表面粗糙度块时，AutoCAD 将自动提示输入表面粗糙度的数值。

属性的定义有如下形式。

1. 命令行方式定义属性

命令：_attdef

当前属性模式：

不可见=N 常数=N 验证=N 预设=N 锁定位置=Y 注释性=N 多行=N

输入要更改的选项 [不可见(I)/常数(C)/验证(V)/预设(P)/锁定位置(L)/注释性(A)/多行(M)]<已完成>：

部分项含义如下：

1) "不可见"：不可见显示方式，即插入块时，该属性的值在图中不显示。该方式的默认值为 "N"，即采用可见方式。否则，在第二行的方式选择提示后输入 "I"。

2) "常数"：常量方式，在属性定义时给出属性值后，插入块时该属性值固定不变。默认值为 "N"，即不采用常量方式。否则，在第二行的方式选择提示后输入 "C"。

3) "验证"：属性值输入的验证方式，即在插入块时，对输入的属性值又重复给出一次提示，以校验所输入的属性值是否正确。默认值为 "N"，表示不采用验证方式。否则，在第二行的方式选择提示后输入 "V"。

4) "预设"：属性的预置方式。当插入包含预置属性的块时，不请求输入属性值，而是自动填写默认值。默认值为 "N"，表示不采用预置方式，否则，在第二行的方式选择提示后输入 "P"。

设置完属性模式后，AutoCAD 继续提示：

输入属性标记名：　　　　　　　　　　　　　　　　　/输入属性标签,不能为空。

输入属性提示：　　　　　　　　　　　　　　　　　　/输入属性提示。

输入默认属性值：　　　　　　　　　　　　　　　　　/输入属性的默认值。

当前文字样式："Standard" 文字高度：2.5000　　　/当前文本的格式。

指定文字的起点或 [对正(J)/样式(S)]：

指定高度<2.5000>：　　　　　　　　　　　　　　　　/指定字高。

指定文字的旋转角度<0>：　　　　　　　　　　　　　/指定文字行的倾斜角度。

2. 对话框方式定义属性

通过以下方式可弹出【属性定义】对话框。

1) 在命令符提示下输入 "attdef" 并按回车键或空格键。

2) 在 "绘图" 菜单中选择 "块" 子菜单的 "定义属性" 选项。

具体操作过程如下：

命令：_attdef

执行 "块的属性定义"（Attdef）命令后，弹出图 8-7 所示的【属性定义】对话框。各项含义如下：

1）"模式"选项组：设置属性模式。通过"不可见""固定""验证"和"预设"复选框可以设置属性是否可见、是否为常量、是否验证以及是否预置。

2）"属性"选项组：设置属性标志、提示以及默认值。

"标记"文本框：设置属性标签。

"提示"文本框：设置属性提示。

"默认"文本框：设置属性的默认值。

3）"插入点"选项组：确定属性文字的插入点。选中"在屏幕上指定"复选框，则单击"确定"按钮后，AutoCAD切换到绘图窗口要求指定插入点的位置。也可以在"X""Y""Z"文本框内输入插入基点的坐标。

4）"文字设置"选项组：设置属性文字的格式。各项的含义如下：

"对正"下拉列表框：用于设置属性文字相对于插入点的排列形式。

"文字样式"下拉列表框：设置属性文字的样式。

"文字高度"文本框：设置属性文字的高度。

"旋转"文本框：设置属性文字行的倾斜角度。

5）"在上一个属性定义下对齐"复选框：勾选表示该属性采用上一个属性的字体、字高以及倾斜角度，且与上一个属性对齐，此时"插入点"与"文字设置"选项组均为低亮度显示，即不可用。

确定了各项内容后，单击对话框中的"确定"按钮，即完成了属性定义。

3. 定义带属性的图块

定义带属性的图块主要有以下几个步骤：

1）绘制基本图形，如图8-8a所示。

2）将表面粗糙度值定义为属性，【属性定义】对话框中的相关参数设置如图8-9a所示，给定属性的放置位置，结果如图8-8b所示。

3）定义带属性的图块，选择基本图形和属性为图块的对象，【块定义】对话框中的相关参数设置如图8-9b所示，单击"确定"按钮后，出现【编辑属性】对话框，如图8-9c所示，可以设置属性的数值，结果如图8-8c所示。

图8-7　【属性定义】对话框

a) 绘制基本图形　　　　b) 给定属性的相关参数　　　　c) 建立带属性的图块

图8-8　定义带属性图块的步骤

a) 给定属性的相关参数

b) 建立图块

c) 编辑属性

图 8-9 定义带属性图块的参数设置

4．修改块的属性

定义属性后，用户可通过下列方式进行修改。

1）从下拉菜单选择"修改"→"对象"→"属性"→"单个"命令。

2）单击"默认"选项卡的"块"功能区上的"编辑属性"按钮 。

操作过程如下：

命令：_ddedit

选择注释对象或［放弃(U)］：

在此提示下选取要修改属性定义的属性标签，AutoCAD 弹出【增强属性编辑器】对话框，如图 8-10 所示。用户可在该对话框中修改属性定义标记、提示以及默认值。

a）"属性"选项卡

b）"文字选项"选项卡

c）"特性"选项卡

图 8-10 【增强属性编辑器】对话框

四、建立外部图块

当用户用"块"（Block）命令定义一个块后，该块只能在其定义的图形文件中使用，不能被其他图形文件引用，为此，AutoCAD 提供了"写块"（Wblock）命令用于建立外部图块。

"写块"（Wblock）命令将图形的一部分或全部以文件的形式保存（后缀为".Dwg"）。该命令有命令行和对话框两种操作方式。用对话框方式保存比较方便，操作过程如下：

命令：_wblock

执行上述命令后，弹出【写块】对话框，如图 8-11 所示。

1）"源"选项组中各选项含义如下：

"块"单选按钮：将块作为文件进行保存，可以从其后面的下拉列表框中选择定义过的块名。

"整个图形"单选按钮：将整个图形作为块保存。

"对象"单选按钮：将选择的对象作为块并保存。

2）"基点"选项组：用于设置块的插入基点。其中，单击"拾取点"按钮切换到绘图窗口直接拾取基点。还可以在"X""Y""Z"文本框中直接输入基点的坐标值（该选项组仅当"源"中的"对象"选项被选取时有效）。

3）"对象"选项组：当"源"中的"对象"选项被选取时有效。

"选择对象"按钮：用于切换到绘图窗口直接选择对象。

"保留""转换为块""从图形中删除"单选按钮与【块定义】对话框中的相应选项含义相同。

4）"目标"选项组。

"文件名和路径"下拉列表框：指定块保存的文件名并确定保存文件的路径。

"插入单位"下拉列表框：确定图块插入时所用的单位。

图 8-11 【写块】对话框

第三节 AutoCAD 设计中心

AutoCAD 设计中心是一种直观、高效、与 Windows 资源管理器界面类似的工作控制中心。通过设计中心，能够从当前打开的图形文件、本地硬盘存储的图形文件或网络上的图形文件中，很方便地访问和借鉴已生成的图块、图层、线型、标注样式、文字样式、版面设置等信息。如前面绘制的样板图，在其中设置了图块、图层、线型、标注样式、文字样式等，如果想在一个新的图样文件中使用这些设置，可以在 AutoCAD 设计中心中打开使用了样板图的图形文件，把这些设置有选择地添加到新文件中，可以极大地提高工作效率。

使用 AutoCAD 设计中心可以进行如下工作。

1）浏览不同的图形资源，从当前打开的图形到 Web 上的图形库。

2）观察诸如块、层的定义，并可插入、添加、复制这些定义到当前图形中。

3）对经常访问的图形、文件夹及 Internet 网址创建快捷方式。

4）在用户计算机和网络驱动器上寻找所需图形，一旦找到这些图形就可以把它们加载到 AutoCAD 设计中心或当前图形中。

5）从内容显示框中把一个图形文件拖到绘图区就可以打开该图形文件。

6）把一个渲染的图像文件从内容显示框拖动到绘图区就可以对它进行观察和引用。

7）可以通过选择大图标、小图标、列表及详细说明四种显示方式，控制内容显示框的外观，也可以预览图形以及任何与图形内容相关的说明。

一、启动 AutoCAD 设计中心

可以通过命令行、下拉菜单、标准工具栏启动 AutoCAD 设计中心，具体方法主要有：

1）在命令行中输入"adcenter"并按回车键或空格键。

2）选择下拉菜单"工具"→"选项板"→"设计中心"选项。

3）单击"视图"选项卡中的"选项板"功能区中的"设计中心"按钮 ▦ 。

执行上述任一种操作后，将出现设计中心，如图 8-12 所示。左侧为 AutoCAD 设计中心的资源管理器，以树形结构显示系统资源；右侧为 AutoCAD 设计中心窗口的内容显示框，显示当前浏览资源的内容。

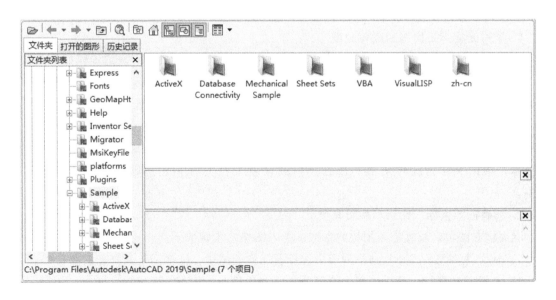

图 8-12　AutoCAD 设计中心

二、在图形文件之间复制图层

利用 AutoCAD 设计中心可以将图层从一个图形文件复制到其他图形文件中。例如，在绘制新图时，可通过 AutoCAD 设计中心将已有的图层复制到新的图形文件中，节省时间并保证图形间的一致性。

拖动图层到当前打开的图形中，可按以下步骤进行：

1）确认要复制图层的文件当前是打开的。

2）在内容显示框中，选择要复制的图层。

3）按住鼠标左键，拖动所选的图层到当前图形区，然后松开鼠标左键，所选的图层就被复制到当前图形中，且图层的名称不变。

通过剪贴板复制图层，可按以下步骤进行：

1）确认要复制图层的图形文件当前是打开的。

2）在内容显示框中，选择要复制的图层。

3）右键单击所选图层，从弹出的快捷菜单中选择"复制"命令。

4）在图形区右键单击鼠标，打开另一个快捷菜单。

5）选择"剪贴板"→"粘贴"命令，则所选图层被复制到当前图形中。

三、在图形文件之间复制图块

利用 AutoCAD 设计中心可以浏览和装载需要复制的图块，然后将图块复制到剪贴板，再利用剪贴板将图块粘贴到图形中。在图块被插入图形后，如果原来的图块被修改，则插入到图形中的图块也随之改变。

AutoCAD 提供了两种插入图块的方法：利用光标指定比例和旋转角度方式与精确指定坐标、比例和旋转角度的方式。

1. 利用光标指定比例和旋转角度

系统根据光标拉出的线段长度、角度确定比例与旋转角度，插入图块的步骤如下：

1）从文件夹列表或查找结果列表中选择要插入的图块，按住鼠标左键，将其拖动到打开的图形中。松开鼠标左键，此时选择的图块被插入到当前打开的图形当中。

2）在绘图区单击指定一点作为插入点，移动光标，光标位置点与插入点之间距离为缩放比例，单击确定比例。采用同样的方法移动光标，光标指定位置和插入点的连线与水平线的夹角为旋转角度。被选择的图块就根据光标指定的比例和角度插入到图形中。

2. 精确指定坐标、比例和旋转角度

利用该方法可以设置插入图块的参数，插入图块的步骤如下：

1）从文件夹列表或查找结果列表中选择要插入的图块，拖动图块到打开的图形中。

2）右键单击鼠标，可以选择快捷菜单中的"比例""旋转"等命令。

3）在相应的命令行提示下输入比例和旋转角度等数值，被选择的图块根据指定的参数插入到图形当中。

第四节　绘制物体三视图

在前面的章节中，学习了 AutoCAD 中的各种命令，掌握了这些命令后，就可以绘制工程图样。要高效率地完成一张工程图样，必须熟练地掌握这些命令，通过多做练习，不断总结和摸索在绘图设计时的使用技巧。

本节通过实例讲述绘图的步骤。

例 8-1　绘制如图 8-13 所示的物体三视图。

1. 设置图幅

将绘图界限设置为 A4 图纸幅面。

2. 设置图层

用"图层"命令建立图层。图层设置为粗实线层（绿色）、中心线层（红色）、虚线层（紫色）、尺寸线层（黑色）。

3. 绘制视图

1）绘制中心线。将中心线设置为当前层，并执行"直线"命令。

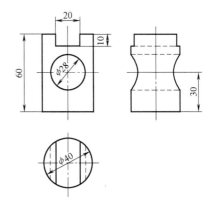

图 8-13　物体三视图

注意：绘制中心线时应先打开正交模式，然后依次绘制出主、俯、左视图的三条中心线，其中主、俯视图中的竖直中心线可绘制成一条。

2）绘制圆柱的三视图。设置粗实线层为当前层。

命令：_circle
指定圆的圆心或 [三点(3P)/两点(2P)/相切、相切、半径(T)]:_int of　/捕捉俯视图中心线的交点为圆心。
指定圆的半径或 [直径(D)]：20　/输入圆的半径。
命令：_rectang/执行"矩形"命令，绘制主视图。
指定第一个角点或 [倒角(C)/标高(E)/圆角(F)/厚度(T)/宽度(W)]:/打开自动追踪捕捉模式，自俯视图圆的左象限点向上引线，拾取主视图上一点。
指定另一个角点或 [面积(A)/尺寸(D)/旋转(R)]：@ 40,60
命令：_copy/利用"复制"命令，绘制左视图。
选择对象:/选择主视图。
当前设置：　复制模式 = 多个
指定基点或 [位移(D)/模式(O)]<位移>：　<正交 开> 指定第二个点或<使用第一个点作为位移>：
指定第二个点或 [退出(E)/放弃(U)]<退出>：
绘制的结果如图 8-14 所示。

3）绘制圆柱上部的槽。设置粗实线层为当前层。

命令：_explode　　　　　　　/执行"爆炸"命令。
选择对象：　　　　　　　　/拾取主视图矩形。
找到 1 个
选择对象：　　　　　　　　/拾取左视图矩形。
找到 1 个,总计 2 个
选择对象:/按回车键结束。
命令：_offset/执行"偏移"命令。
当前设置：删除源＝否　图层＝源　OFFSETGAPTYPE＝0
指定偏移距离或 [通过(T)/删除(E)/图层(L)]<通过>：　10/输入偏移距离。
选择要偏移的对象，或 [退出(E)/放弃(U)]<退出>:/拾取主视图中心线。

指定要偏移的那一侧上的点,或[退出(E)/多个(M)/放弃(U)]<退出>:/拾取偏移方向向右。

选择要偏移的对象,或[退出(E)/放弃(U)]<退出>:/拾取主视图中心线。

指定要偏移的那一侧上的点,或[退出(E)/多个(M)/放弃(U)]<退出>:/拾取偏移方向向左。

选择要偏移的对象,或[退出(E)/放弃(U)]<退出>:/拾取左视图矩形上边线。

指定要偏移的那一侧上的点,或[退出(E)/多个(M)/放弃(U)]<退出>:/拾取偏移方向向下。

选择要偏移的对象,或[退出(E)/放弃(U)]<退出>:/按回车键结束。

　绘制结果如图 8-15 所示。

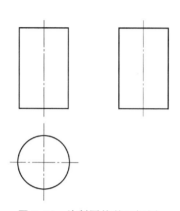

图 8-14　绘制圆柱的三视图

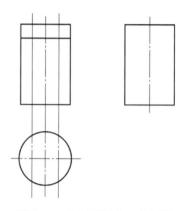

图 8-15　绘制槽的主、俯视图

　下面将刚才所绘制的两条点画线转变成粗实线,并进行裁剪。

命令:_matchprop/执行"格式刷"命令。

选择源对象:/选择一条粗实线。

当前活动设置: 颜色 图层 线型 线型比例 线宽 厚度 打印样式 标注 文字 填充图案 多段线 视口 表格材质 阴影显示 多重引线

选择目标对象或[设置(S)]:/ 拾取主视图上的一条点画线。

选择目标对象或[设置(S)]:/拾取主视图上的另一条点画线。

选择目标对象或[设置(S)]:/按回车键结束。

命令:_trim/执行"修剪"命令,剪掉多余的线段。

　4)绘制圆柱孔的主、俯视图。

命令:_offset/执行"偏移"命令,确定主视图上的圆心位置。

指定偏移距离或[通过]<10.0000>:30

选择偏移对象或<退出>:/选择主视图下端的一条直线。

指定偏移侧一点 t:

选择偏移对象或<退出>:/按回车键结束命令。

命令:_circle　指定圆的中心点或[3P/2P/Ttr(相切、相切、半径)]:_int of　捕捉交点为圆心。

指定圆的半径或[直径]:14/输入半径。

命令:_line

指定第一点 t:　/切换虚线层为当前层,执行"直线"命令,利用自动追踪捕捉绘制俯视图和左视图上的两条虚线。

　绘制结果如图 8-16 所示。

命令:_trim/执行"修剪"命令,剪掉多余的线。

　修剪后的结果如图 8-17 所示。

　5)绘制槽及圆柱孔的左视图。

命令:_line

指定第一点:/切换中心线层为当前层,利用自动追踪捕捉绘制圆孔的左视图上圆孔的中心线。

命令:_line

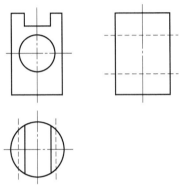

图 8-16   绘制圆柱孔的主、俯视图

图 8-17   修剪去掉多余线

指定第一点:/切换粗实线层为当前层,利用自动追踪捕捉绘制槽的水平面的左视图投影。

命令:_copy/执行"复制"命令,将俯视图复制到左视图的正下方。

命令:_rotate/执行"旋转"命令,将左视图正下方的图形旋转 90°。

命令:_line

指定第一点:/执行"直线"命令,利用自动追踪捕捉绘制槽与圆柱面交线的投影。

命令:_line

指定第一点:/利用自动追踪捕捉绘制相贯线上特殊点的辅助线,且与左视图圆柱孔的中心线相交。

6)绘制左视图上右边相贯线的投影。

命令:_arc

指定圆弧第一点或[中心点]:_int of/执行"圆弧"命令,捕捉圆柱面与圆柱孔在轮廓线上的上部交点。

指定圆弧第一点或[中心点/终点]:_int of/捕捉圆柱孔中心线与辅助线的交点。

指定圆弧终点:_int of/捕捉圆柱面与圆柱孔在轮廓线上的下部交点。

用同样的方法可绘制左边相贯线的投影。

绘制结果如图 8-18 所示。

7)整理图线。利用"擦除""修剪""拉伸"等命令整理视图中多余或不符合要求的图线。

切换到虚线层绘制槽的水平面的侧面投影,结果如图 8-19 所示。

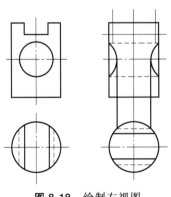

图 8-18   绘制左视图

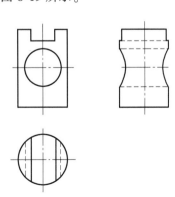

图 8-19   物体的三视图

8）标注尺寸。首先将尺寸线层切换为当前层。尺寸标注前应先用【标注格式】对话框确定尺寸样式，然后进行尺寸标注。

命令：_dimlinear/标注线性尺寸 60、10、20、30。

命令：_dimdiameter/标注圆的直径尺寸 $\phi 28$、$\phi 40$。

最终绘制结果如图 8-13 所示。

第五节　绘制零件图

本节以图 8-20 所示的阶梯轴为例讲述 AutoCAD 绘制零件图的过程。

例 8-2　绘制轴零件图。

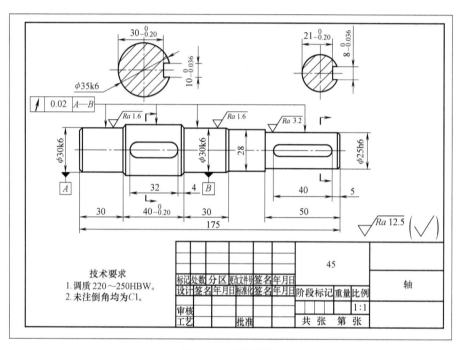

图 8-20　轴零件图

操作步骤如下：

1）设置图幅、图层、标注样式，或者调用样板图。

2）绘制图形。

① 绘制中心线。

② 绘制阶梯轴。绘制阶梯轴使用五次"矩形"命令即可完成，从左向右依次绘制。

③ 绘制键槽。

④ 绘制断面图。

3）标注尺寸。

标注尺寸时应进行各种尺寸样式的设置，在标注带有公差的样式时，利用覆盖命令（Override）进行标注较方便。

4）标注形位公差。

AutoCAD 中提供了单独的标注形位公差命令，但在标注时要有一条引出线，所以，应该在引出标注的同时引进形位公差符号。用引出标注命令标注形位公差时要用引出标注样式。

5）标注表面粗糙度符号。

将表面粗糙度制作成带有属性的图块后，可依次插入到零件图中。插入时，为了使表面粗糙度符号能与零件轮廓线相接触，应用目标捕捉的"最近点"模式捕捉插入点。

6）文本标注。

在"文字样式"下，书写技术要求及填写标题栏的内容。

第六节　绘制部件装配图

装配图比较复杂，绘制时一般按下列步骤进行：

1）首先将装配图中除标准件以外的所有零件绘制成零件图。

2）将零件图中的尺寸标注层、表面粗糙度等与视图无关的图层关闭。

3）将装配图中所需要的每个视图存为图块。应注意恰当地选择插入基点。

4）按装配顺序拼绘装配图。

5）标注尺寸、零件序号、技术要求。

6）填写标题栏。

如图 8-21 所示是千斤顶的装配图，它是由帽 1（图 8-22）、螺钉 2、4（螺钉 M12×14）、直杆 3（图 8-23）、螺套 5（图 8-24）、螺杆 6（图 8-25）、底座 7（图 8-26）等零件组成的。可以按照上述步骤完成该装配图的绘制。

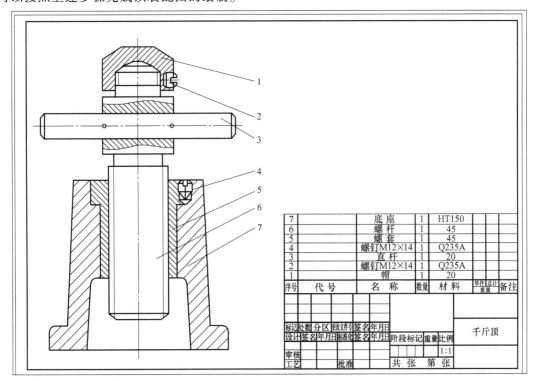

图 8-21　千斤顶装配图

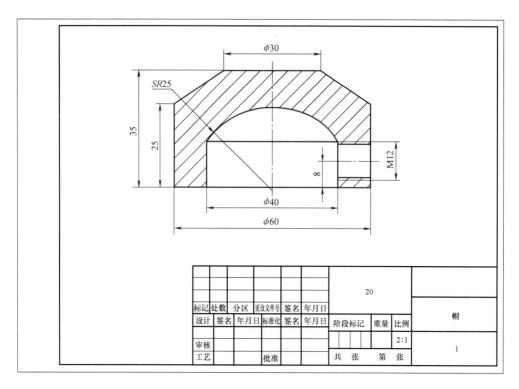

图 8-22 帽零件图

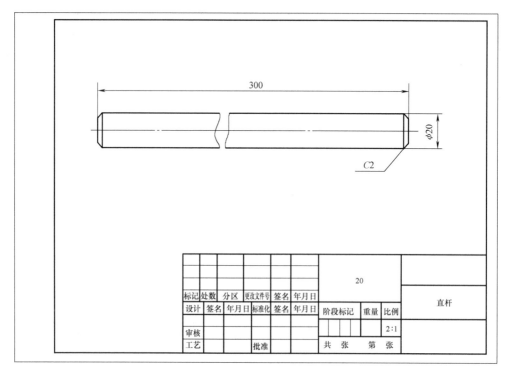

图 8-23 直杆零件图

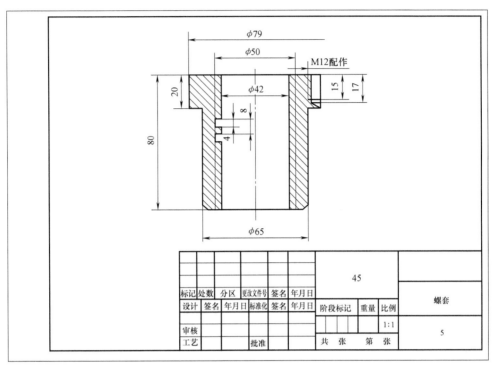

图 8-24 螺套零件图

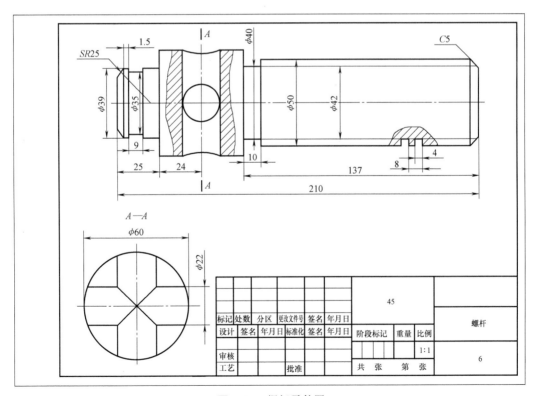

图 8-25 螺杆零件图

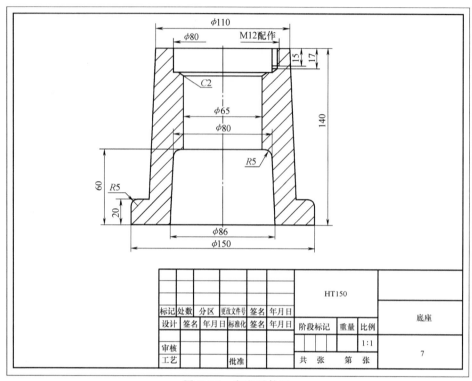

图 8-26 底座零件图

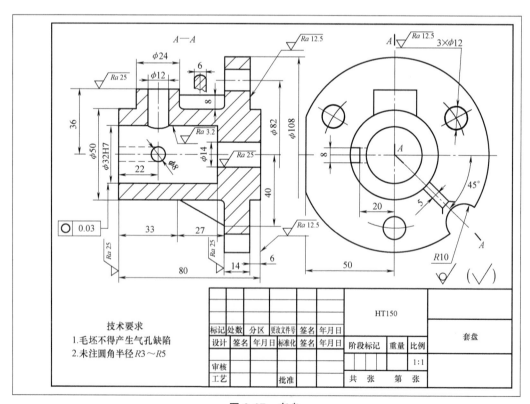

技术要求
1.毛坯不得产生气孔缺陷
2.未注圆角半径 R3～R5

图 8-27 套盘

习　题

8-1　怎样建立和调用样板图？

8-2　如何建立图块？

8-3　如何定义块属性？

8-4　如何使用 AutoCAD 设计中心调用已有文件中的图层设置、标注样式与文本样式？

8-5　如何使用 AutoCAD 设计中心向当前已打开的文件中添加图块？

8-6　绘制图 8-27 所示的图样。

8-7　自找素材绘制一幅装配图。

第二篇

三维造型技术

第九章

UG NX软件应用基础

UG（Unigraphics）NX 软件是 Siemens PLM Software 公司推出的一个产品工程解决方案。它为用户的产品设计及加工过程提供数字化造型和验证的手段，能有效提高创建新产品的开发效率。

本章主要介绍 UG NX 软件的主要功能模块、工作环境和基本操作，具体讲解草图的创建与编辑修改等。

第一节　UG NX 软件简介

一、软件的特点

UG NX 是一套集 CAD（计算机辅助设计）、CAM（计算机辅助制造）、CAE（计算机辅助工程）、PDM（产品数据管理）、PLM（产品生命周期管理）于一体的软件集成系统，可应用于整个产品的开发过程，包括产品的概念设计、建模、分析和加工等。它不仅具有实体造型、曲面造型、虚拟装配和生成工程图等设计功能，而且在设计过程中可以进行力学分析、机构运动分析、动力学分析和仿真模拟，从而提高设计的可靠性。同时，UG NX 软件还可以运用建立好的三维造型直接生成数控代码，用于产品的加工，其后处理程序支持多种类型的数控机床。另外，软件系统所提供的二次开发工具 UG/Open GRIP（Graphical Interactive Programming）、UG/Open API（Application Programming Interface）简单易学，可以实现多种功能，便于用户开发专用的 CAD 系统。该软件具有以下主要特点：

1）具有统一的数据库，可以真正实现 CAD/CAE/CAM 各模块之间数据交换的无缝接合，可实行并行工程。

2）采用复合建模技术，将实体建模、特征建模、自由形体建模与参数化融为一体。

3）基于特征（如孔、凸台、型腔、沟槽、倒角等）的建模和编辑方法作为实体造型的基础，形象直观。与工程师传统的设计方法类似，并能用参数驱动。

4）曲线设计采用非均匀有理 B 样条作为基础，可用多种方法生成复杂的曲面，特别适合于汽车、飞机、船舶、汽轮机叶片等外形复杂的曲面设计。

5）生成工程图的功能强大，可以很方便地由三维实体模型直接生成二维工程图，能按照 ISO 标准标注尺寸、公差等，并能直接对实体进行各种形式的剖切，生成各种剖视图，增强了绘图功能的实用性。

6）实体建模是以 Parasolid 为核心，实体造型功能处于领先地位。

7）具有良好的用户界面，绝大多数功能都可以通过图标按钮实现，进行对象操作时，具有自动推理功能，同时，在每个步骤中，都有相应的信息提示，便于用户做出正确的选择。

二、软件的功能模块

UG NX 包含建模、装配、外观造型设计、制图、钣金设计、加工、机械布管、电气线路等十几个功能模块。按照应用的类型，将其分为 CAD 模块、CAE 模块、CAM 模块和其他专用模块。

1. CAD 模块

（1）基本环境模块（Gateway）　该模块是进入 UG 软件的入口。它只提供一些最基本的操作，如新建文件、打开文件、输入不同格式的文件、层的控制、视图定义等，是其他模块的基础。

（2）产品建模模块（Modeling）　该模块能够提供一个实体的建模环境，可使用户快速实现概念设计，是其他应用模块实现功能的基础。该模块为用户提供了多种创建模型的方法，如草图工具、实体特征、特征操作和参数化编辑等，用户可以灵活运用各种方法创建模型。

（3）外观设计模块（Shape Studio）　该模块为工业设计师提供了产品概念设计阶段的设计环境，主要用于概念设计和工业设计，如汽车开发设计早期的概念设计。外观设计模块中不仅包含所有产品建模模块中的造型功能，还包括一些较为专业的创建和分析曲面的工具。

（4）工程图模块（Drafting）　该模块可以让设计人员通过三维模型以及内置的草图工具创建二维图，并生成工程图样。在此环境下创建的图样和三维模型完全关联。当模型发生变化后，该模型的图样也会随之发生变化。这种关联性使用户修改或编辑模型更为方便。

（5）装配模块（Assemblies）　该模块用于产品的虚拟装配。系统将在各组件之间建立联系，这种联系能够使系统保持对组件的追踪。当组件更新后，系统将根据这种联系自动更新组件。该模块支持自顶向下、从底向上和并行装配三种装配模型的创建方法。

2. CAM 模块

（1）加工基础模块　该模块是加工应用模块的基础框架，为所有加工应用模块提供相同的工作界面，所有的加工编程操作都在该模块进行。

（2）后处理模块　该模块用于将 CAM 模块建立的数控加工数据转换成数控机床或加工中心可执行的加工数据代码。

（3）车削加工模块　该模块用于建立回转体零件车削加工程序，可以提供多种车削加工方式，如粗车、多次走刀精车、车退刀槽、车螺纹以及加工中心孔等。可以使用二维轮廓或全实体模型，加工刀具的路径可以相关联地随几何模型的变更而更新。

（4）铣削加工模块　该模块用于建立铣削加工程序，主要包括固定轴铣削、高速铣削、曲面轮廓铣削功能。

（5）线切割加工模块　该模块提供多种线切割加工走线方式，如多级轮廓走线、反走线、区域移除。

（6）样条轨迹生成模块　该模块支持在 UG NX 环境中直接生成基于 NURBS（非均匀有

理 B 样条）形式的刀具轨迹。它适用于具有样条插值功能的铣床，加工的产品具有高精度和低表面粗糙度，可以使加工效率大幅度提高。

3. CAE 模块

CAE 模块是进行产品分析的主要模块，包括高级仿真、设计仿真、运动仿真等。

（1）强度向导　强度向导提供了简便的仿真向导。仿真过程的每一个阶段都为分析者提供了清晰简捷的导航。该模块采用结构分析的有限元方法，可以自动划分网格，因此也适用于对复杂的结构模型进行力学仿真。

（2）设计仿真模块　该模块允许用户对实体组件或装配执行仅限于几何体的基本分析。通过分析可以使设计工程师在设计的早期了解模型中的结构应力或热应力的分布，对其结构进行验证。设计工程师在该模块采用设计仿真功能进行初始设计验证后，数据结果可以提供给专业的 CAE 分析师，使其可以采用该数据作为基础在高级仿真产品中进行更详细的分析。

（3）高级仿真模块　该模块是一种综合性的有限元建模和结果可视化产品，包括一整套预处理和后处理工具，并支持多种产品性能评估算法，提供对许多业界标准解算器（包括 NX Nastran、MSC Nastran、ANSYS 和 ABAQUS）的无缝支持。

（4）运动仿真模块　该模块可对任何二维或三维机构进行运动学分析、动力学分析和设计仿真，可以完成如干涉检查、轨迹包络等装配分析。

（5）注射流动分析模块　该模块可以帮助模具设计人员确定注射模的设计是否合理，检查出不合适的注射模几何体并予以修正。

4. 其他专用模块

UG NX 还提供了非常丰富的面向制造行业的专用模块：钣金设计模块、管线布置模块、工装设计模块以及人机工程设计中的人体建模、印制电路设计、船舶设计、车辆设计与制造自动化等模块。

第二节　UG NX 工作环境和基本操作

本节主要介绍 UG NX10.0 的工作界面、各构成元素的基本功能与应用以及基本操作。

一、软件界面

用户启动 UG NX 后，界面如图 9-1 所示。单击"文件"→"新建"，进入【新建】对话框，如图 9-2 所示，选择文件类型为"模型"，并给出文件名及存储位置，单击"确定"按钮后将进入建立三维模型的基本操作界面，如图 9-3 所示。

系统的基本操作界面主要包括选项卡标签栏、功能区、导航区、工作区（绘图区）及状态栏等。在绘图区中已经预设了三个基准面及原点，这是建立模型最基本的参考。

1. 选项卡与功能区

用户界面的上面一行为选项卡标签，包含该软件的主要功能以及模块间的转换等常用命令："文件""主页""曲线""分析""视图""渲染""工具""应用模块"。单击任何一个选项卡标签，系统将显示相应的选项卡及其主要命令按钮。

图 9-4 分别为"主页"和"应用模块"选项卡对应的功能区命令按钮。

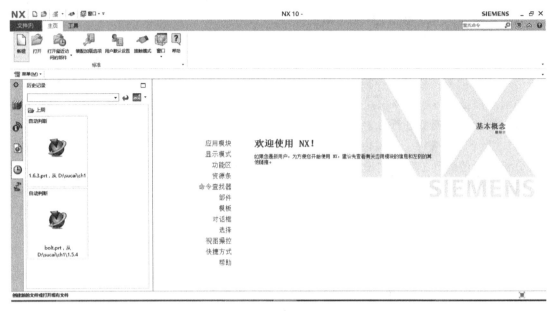

图9-1 UG NX 欢迎界面

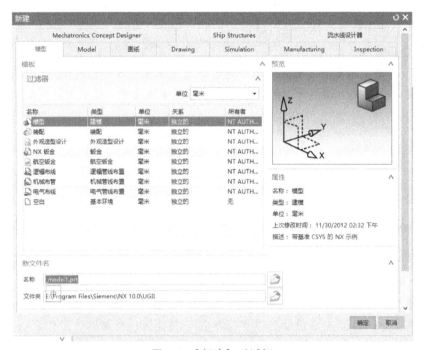

图9-2 【新建】对话框

2. 绘图区

绘图区（或称工作区）以图形的形式显示模型的相关信息，是用户进行建模、编辑、装配、分析和渲染等操作的区域。绘图区不仅显示模型的形状，还显示模型在坐标系中的位置。

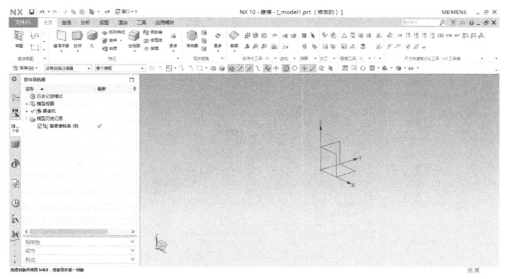

图9-3　基本操作界面

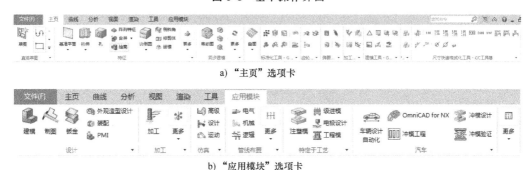

a)"主页"选项卡

b)"应用模块"选项卡

图9-4　"主页"和"应用模块"选项卡

3. 菜单按钮

UG NX10.0将以前版本中的菜单栏命令都放在"菜单"下拉菜单中,包括"文件""编辑""视图""插入""格式""工具""装配""信息""分析""首选项""窗口""GC工作箱"和"帮助"等菜单项。图9-5所示为"文件"下拉菜单的选项。

4. 导航区

导航区主要是为用户提供快捷的操作导航工具,主要包括装配导航器、部件导航器、Internet Explorer、历史记录、Process Studio、加工向导、角色、系统可视化场景等。导航区最常用的是部件导航器,下面对它进行详细介绍。

在UG NX 10.0的主界面中,单击左侧的"部件导航器"图标 ,即可弹出如图9-6所示的【部件导航器】对话框,其中列入了已经建立的各个特征,用户可以在每个特征前面单击勾选或取消勾选,从而显示或隐藏各个特征,还

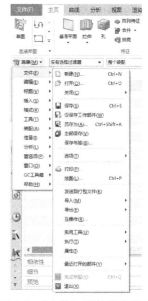

图9-5　"文件"下拉菜单选项

可以选择需要编辑的特征，用右键单击的方式对特征参数进行编辑。

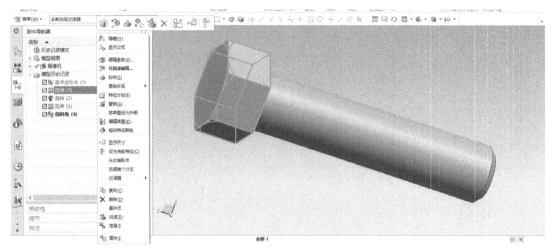

图 9-6　【部件导航器】对话框

5. 上边框条

上边框条集中了 UG 常用的类型过滤器、选择范围、捕捉控制、图层操作、定向视图和渲染样式等命令按钮，用户可以通过单击上边框条上的命令按钮，快速地观察模型和选择对象。

6. 状态栏

状态栏主要是为了提示用户当前所处的状态，以便用户能做出进一步的操作。

二、文件管理与基本操作

在软件的"文件"菜单中常用的命令是文件管理指令，UG 文件的后缀为"．prt"。

1. 新建文件

新建文件的方法有很多种，如选择"菜单"→"文件"→"新建"命令，或按快捷键 <Ctrl+N>。打开【新建】对话框如图 9-2 所示，用户需要确定软件模块类型，针对每个模块，用户还要选择文件类型，输入新建文件的名称，再选择保存的路径。最后单击"确定"按钮即可创建一个新的文件。

2. 打开文件

打开文件的方法有很多种，如选择"菜单"→"文件"→"打开"命令，按快捷键 <Ctrl+O>。在【打开文件】对话框的右侧选择"预览"，可以在打开文件之前查看模型，然后单击"确定"按钮即可。

UG NX 可以直接打开 IGES 等格式的文件。在"文件类型"中更改文件的类型，可以选择不同后缀名的文件直接在当前窗口中打开，也可以使用导入方法将其他格式的数据文件转换到当前部件或者一个新的部件文件中。

UG NX 可以同时打开多个文件，选择快速工具栏中的"窗口"下拉菜单项可以切换各个文件。

3. 保存文件

保存文件的方法有很多种，如选择"菜单"→"文件"→"保存"命令，按快捷键

<Ctrl+S>。"全部保存"命令可以保存所有开启的部件文件。此外，若文件为组件（装配）文件，执行保存操作时系统将保存所有相关的文件。

三、图形文件的类型

常用的图形文件分为二维图形文件与三维图形文件。二维图形文件有基于二维图纸的DXF 数据格式；三维图形文件包括基于曲面的 IGES 图形格式，基于实体的 STEP 标准以及基于小平面的 STL 标准等。

1. DXF（Drawing Exchange Format）

DXF 是具有专门格式的 ASCII 码文本文件，虽然不是标准，但由于 AutoCAD 系统在二维绘图领域的普及，使得 DXF 成为事实上的二位数据交换标准。它易于被其他程序处理，主要用于实现高级语言编写的程序与 AutoCAD 系统的连接，也可以用于在其他 CAD 系统与AutoCAD 系统之间交换图形文件。

2. IGES（Initial Graphics Exchange Specification）

IGES 是基于曲面的图形交换标准。由于 IGES 定义的实体主要是几何图形信息，输出形式基于人们理解而非计算机，不利于系统集成。更为致命的缺陷是，IGES 数据转换过程中经常出现信息丢失与畸变问题，而且占用存储空间较大会影响数据传输和处理的效率。尽管如此，IGES 仍然是目前为各国广泛应用的事实上的国际标准数据交换格式。值得注意的是，IGES 无法转换实体信息，只能转换三维形体的表面信息，例如一个立方体经 IGES 转换后，只保留立方体的六个面。

3. STEP（Standard for the Exchange of Product Model Data）

STEP 是一个产品模型数据的表达和交换的标准体系。它采用统一的产品数据模型，为产品数据的表示与通信提供一种中性数据格式，能够描述产品整个生命周期中的产品数据，包括为进行设计、分析、制造、测试、检验和产品支持而全面定义的零部件或构建所需的几何、拓扑、公差、关系、属性和性能等数据。为下达生产任务、直接质量控制、测试和进行产品支持等功能提供全面的信息，并独立于处理这种数据格式的应用软件。STEP 较好地解决了 IGES 的不足，能满足 CAD/CAM/CAE 集成和 CIMS（计算机现代集成制造系统）的需要，将广泛地应用于工业、工程等各个领域，有望成为 CAD/CAM/CAE 系统及其集成的数据交换主流标准。STEP 标准存在的问题是整个体系极其庞大，标准的制订过程进展缓慢，数据文件比 IGES 更大。

4. STL（Stand Template Library）

STL 文件格式最早作为快速成型领域中的接口标准。很多主流的商用三维造型软件都支持这种格式。STL 模型是以三角形面片的集合来逼近表示物体外轮廓形状的几何模型，其中每个三角形面片由四个数据项表示，即三角形的三个顶点坐标和三角形面片的外法线矢量。目前 STL 文件格式在逆向工程中也很常用，通过三维数字化扫描所得的三维实体的数据文件常常采用 STL 格式。

5. CGM（Computer Graphics Metafile）

CGM 数据格式可以包含矢量信息和位图信息，是许多组织和政府机构使用的国际性标准化文件格式。CGM 能处理所有的三维编码，并能解释和支持所有元素，完全支持三维线框模型、尺寸、图形块等的输出。目前所有的 Word 软件都能支持插入这种格式。

四、视图的基本操作

在设计过程中，经常需要从不同的视角观察物体。设计者从指定的视角沿着某个特定的方向所看到的平面图就是视图。也可以认为视图是指定方向的一个平面投影。对视图的操作主要是通过"视图"选项卡中的命令按钮实现，如图9-7所示。常用的操作主要有定向视图、视图操作、渲染样式等。

图9-7 "视图"选项卡

1. 常用视图

单击UG"视图"选项卡中的"定向视图"按钮，可打开常用视图，图9-8a所示为定向视图按钮。UG系统自定义的视图称为标准视图，主要有"前视图""后视图""仰视图""俯视图""左视图""右视图""正等测图""正三轴测图"，如图9-8b所示。

单击不同的定向视角按钮，模型就会显示不同的定向视图。图9-9所示分别为同一模型的正等轴测图、左视图与前视图。

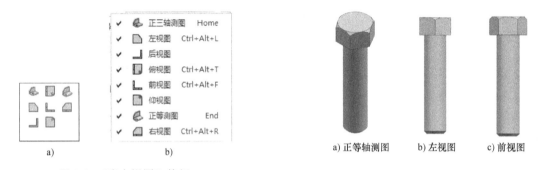

a) 正等轴测图 b) 左视图 c) 前视图

图9-8 "定向视图"按钮

图9-9 定向视图显示

2. 视图操作

视图操作主要是对视图进行旋转、缩放、移动和刷新等操作。图9-10a为视图操作按钮，将光标放置在按钮位置，即可出现该按钮功能的提示，如图9-10b所示。

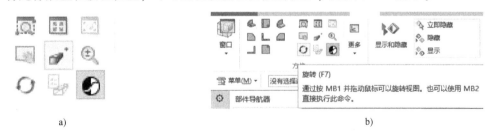

a) b)

图9-10 视图操作按钮

其中常用的按钮选项包括：

适合窗口：调整工作视图的中心和比例以显示所有对象。

缩放![icon]：按下鼠标左键，绘制一个矩形并松开，可以放大特定的区域。

放大/缩小![icon]：按下鼠标左键，并上下移动光标可以放大或缩小视图。

平移![icon]：按住鼠标左键并拖动可以移动视图。

旋转![icon]：按住鼠标左键并拖动可以旋转视图。

3. 渲染样式

"视图"选项卡中的渲染样式按钮如图 9-11a 所示。单击"样式"右边的三角按钮，弹出下拉列表框，包括"带边着色""着色""局部着色"三种着色显示选项以及"带有淡化边的线框""带有隐藏边的线框"和"静态线框"三种线框显示选项。

图 9-12 所示是常用的显示方式。

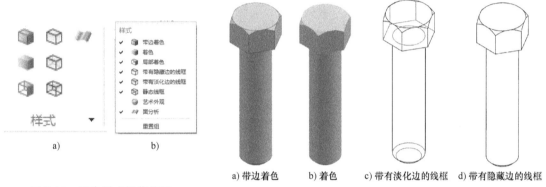

图 9-11 渲染样式操作按钮

a) 带边着色 b) 着色 c) 带有淡化边的线框 d) 带有隐藏边的线框

图 9-12 模型的显示方式

五、图层基础

在建模过程中，将产生大量的图形对象，如草图、曲线、片体、实体、基准特征等。为了方便有效地管理这么多的对象，像许多图形处理软件一样，UG 软件引入了"图层"的概念。

一个 UG 部件中可以包含 1~256 个层，这些层相当于多张透明的纸叠在一起。每个图层可以包含任意数目的对象。

图层管理的特点如下：

1）可以设置任何一层为工作层，创建的对象位于此工作层。

2）工作层的对象永远处于显示状态，其余图层对象可以显示或隐藏。

3）对象可以放置于任何层内，可以将其中一层中的对象移至另一层，也可以复制到另一层。

4）通常将第 256 层设置为废层，将不需要的对象放置在此层。

选择"菜单"→"格式"→"图层设置"命令，如图 9-13 所示，系统弹出【图层设置】对话框。可以在对话框中将某一层设置为工作层，或者按照类别选择图层。

六、UG NX 基本操作

鼠标和键盘是主要的输入工具，正确熟练地操作鼠标和键盘快捷键可以提高设计效率。

1）鼠标左键用于选择菜单、选取几何体、拖动几何体等操作。例如，在三维建模的过程中，通常光标移动到某个几何体上方时，该几何体会高亮显示，这时按下鼠标左键即可选取该几何体。也可以利用"快速拾取"对话框选择，如图 9-14 所示。若要取消已经选中的几何体，可以在按下<Shift>键的同时单击该对象。

图 9-13　打开【图层设置】对话框

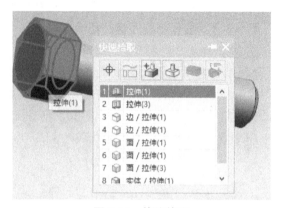

图 9-14　快速拾取

2）单击鼠标右键会弹出快捷菜单。菜单的内容根据光标放置位置的不同而不同。光标放置在选项卡上，则弹出用于移除某一功能区按钮或重新定义选项卡位置的快捷菜单，如图 9-15a 所示；光标放置在绘图区域空白处，弹出的快捷菜单与视图有关，如图 9-15b 所示；光标放置在实体上则弹出与实体相关的操作命令的快捷菜单，如图 9-15c 所示。

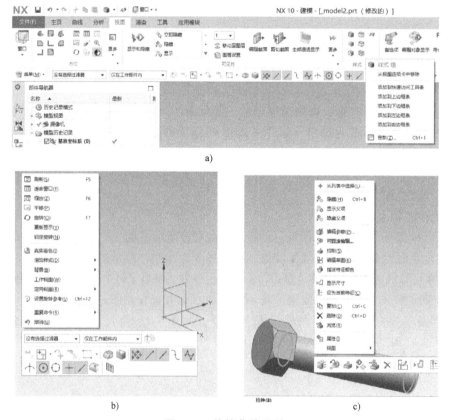

图 9-15　快捷菜单选项

3) 鼠标中键在系统操作中也起着重要的作用。在对话框模式下，单击鼠标中键相当于按下对话框的确认键。在绘图区，按下中键不放拖动光标可以旋转几何体；按下鼠标中键+<Ctrl>键不放，拖动光标即可缩放几何体，向上拖动缩小几何体，向下拖动放大几何体；按下鼠标中键+<Shift>键不放，拖动光标即可平移几何体。

每一个功能模块的常用命令都有对应的键盘快捷键。表9-1列出了常用快捷键及对应的功能。

表 9-1   常用快捷键及对应的功能

按 键	功 能	按 键	功 能
Ctrl+N	新建文件	Ctrl+J	改变对象的显示属性
Ctrl+O	打开文件	Ctrl+T	几何变换
Ctrl+S	保存	Ctrl+D	删除
Ctrl+R	旋转视图	Ctrl+B	隐藏选定的几何体
Ctrl+F	满屏显示	Ctrl+Shift+B	颠倒显示和隐藏
Ctrl+Z	撤销	Ctrl+Shift+U	显示所有隐藏的几何体

第三节 草   图

一、概述

1. 草图的特点

三维建模之前需要绘制二维草图，草图绘制完成后，可以用拉伸、旋转或扫掠等方法进行三维模型的创建。所以草图绘制是创建零件模型的基础部分。草图有以下特点：

1) 所有草图对象都必须在某一指定的平面上进行绘制，而该指定平面可以是任意平面。既可以是坐标平面、基准平面或某一实体的平面，还可以是某一片体或碎片。

2) 用户可以快速勾画出零件的二维轮廓曲线，再通过施加尺寸约束和几何约束精准确定轮廓曲线的形状、位置与尺寸。

3) 草图绘制具有参数设计的特点，在设计零件时可以节省很多修改时间，提高工作效率。

2. 绘制草图的一般步骤

1) 新建部件文件。

2) 执行绘制草图命令。如图9-16所示，直接单击"草图"命令按钮（图9-16a）或者选择"菜单"→"插入"→"草图"命令（图9-16b）。随后弹出的【创建草图】对话框如图9-17所示。

3) 在【创建草图】对话框中选择草图的工作平面，进入草图绘制环境。

a)

图 9-16   执行绘制草图命令

b)

图 9-16　执行绘制草图命令（续）

4）绘制草图对象，并编辑。

5）定义几何约束、尺寸约束。

6）完成草图，退出草图模式。

二、草图的工作平面

创建草图的第一步是选择草图的工作平面，即用来绘制草图对象的平面。它可以是坐标平面，如 XOY 平面，也可以是实体上的某个平面，如圆柱体的底面，还可以是基准面。具体操作通过【创建草图】对话框进行。

在"主页"选项卡中单击"草图"按钮，弹出【创建草图】对话框。此时，系统提示用户"选择对象作为草图平面或双击要定向的轴"，同时，在绘图区显示三个

图 9-17　【创建草图】对话框

基本平面和 X、Y、Z 三个坐标轴。该对话框提供两种创建草图平面的方法："在平面上"和"基于路径"，在"草图类型"下拉列表框中选择。系统默认的草图类型为"在平面上"。

1. "在平面上"创建草图

"在平面上"是创建草图最常用到的方式。草图所在的平面可以由以下四种方式确定：

1）自动判断：系统自动判断草图所在的平面。

2）现有平面：选取基准平面或实体、片体的平面作为草图平面。

3）创建平面：创建新平面作为草图平面。创建平面的形式可通过弹出的【平面】对话框进行设定。

4）创建基准坐标系：构造新的基准坐标系，然后根据构造的基准坐标系创建基准平面

作为草图平面。

另外【创建草图】对话框中还包括"草图方向""草图原点"以及"设置"选项。其中：

"草图方向"用来设置草图轴的方向，包括水平、竖直两个方向。此项也可不用设置，直接采用系统默认的状态。

"草图原点"用来确定草图的原点。此项也可不用设置，直接采用系统默认的状态。

2．"基于路径"创建草图

创建基于路径的草图步骤是首先确定一条路径，然后根据需要指定路径的法线或者矢量方向，以此来确定草图平面。有以下四种方式：

1）垂直于轨迹：建立的草图平面通过轨迹上的指定点，并在该点处与轨迹垂直。

2）垂直于矢量：建立的草图平面通过轨迹上的指定点，并垂直于矢量。

3）平行于矢量：建立的草图平面通过轨迹上的指定点，并平行于矢量。

4）通过轴：建立的草图平面通过轨迹上的指定点，并通过指定的参考轴或矢量。

三、草图的绘制与编辑

建立草图工作平面后，就可以在平面上绘制草图对象了。如图 9-18 所示，选择 *YOZ* 平面为草图平面，然后进入绘制草图的环境，如图 9-19 所示。

界面左上角的"直接草图"功能区，包括创建与编辑草图及约束草图对象的命令按钮，如图 9-20 所示。单击相应按钮，就可以根据对话框的提示执行各种命令。

图 9-18　选择草图工作平面

单击"草图曲线"下拉按钮，可以调出绘制及编辑草图曲线的所有命令，如图 9-21 所示。其中，"曲线"选项栏中包括绘制轮廓、矩形、

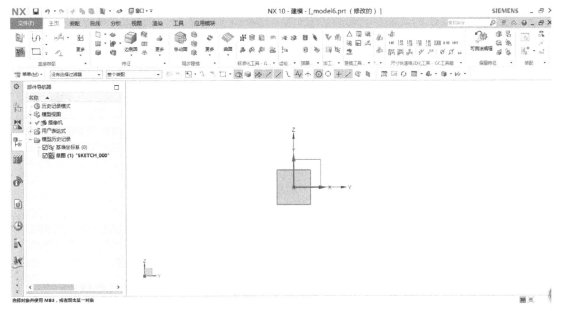

图 9-19　绘制草图的工作界面

直线、圆弧、圆和点的命令；"编辑曲线"选项栏中包括倒斜角、圆角、修建、延伸、移动、拐角、删除等命令；"更多曲线"选项栏中包括绘制多边形、绘制椭圆、偏置曲线、镜像曲线、阵列曲线、投影曲线、派生曲线等命令。以下介绍常用的绘制及编辑曲线命令。

图 9-20 "直接草图"功能区的按钮

图 9-21 "曲线"下拉列表中的命令按钮

1. 绘制草图曲线命令

（1）轮廓 "轮廓"命令可以用于创建一系列连接的直线与圆弧，即上一条直线（圆弧）的终点为下一条直线（圆弧）的起点。若绘制直线之后接着绘制圆弧，则该圆弧将与前一段直线保持相切关系。【轮廓】对话框如图 9-22 所示。单击"直线"按钮开始绘制连续的直线，单击"圆弧"按钮则开始绘制连续的圆弧。

图 9-22 【轮廓】对话框

绘制直线或圆弧时输入参数的方法有两种：坐标模式与参数模式。两种模式可以互相切换。其中，坐标模式是以输入坐标值来确定轮廓线的位置和距离（图 9-23a）；参数模式是以参数来确定轮廓线的位置和距离，直线使用"长度"和"角度"参数（图 9-23b），圆弧使用"半径"和"扫掠角度"参数见图 9-23c。在绘制其他曲线的过程中也会使用这两种输入参数的方法。

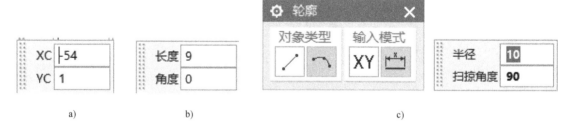

图 9-23 输入参数的方法

在绘制的过程中，通过单击鼠标中键或按<Esc>键可以退出连续绘制模式，按住鼠标左键并拖动，可以在直线与圆弧选项之间切换。

（2）直线、圆、圆弧 "直线"命令可以用于绘制单一的直线段。执行"直线"命令将出现如图 9-24 所示的【直线】对话框和坐标栏。在视图中单击即可绘制直线。如果单击"输入模式"中的"参数模式"按钮，即可显示另一种绘制直线的参数模式。无论以何种方式绘制的直线，都会以角度和长度的方式标注第一条直线的位置，如图 9-25 所示。

图 9-24 【直线】对话框

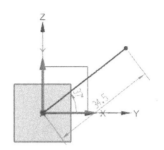

图 9-25 绘制直线

绘制圆的方法有两种：圆心和直径定圆、三点定圆。图 9-26 所示为【圆】对话框。在对话框中有坐标模式与参数模式两种输入模式。圆绘制完成后将自动标记圆心的位置、尺寸与圆的直径。

绘制圆弧的方法有两种：中心和端点定圆弧、三点定圆弧。图 9-27 所示为【圆弧】对话框。圆弧绘制完成后将自动标记圆心的位置、尺寸与圆弧的半径。

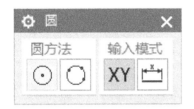

图 9-26 【圆】对话框

图 9-27 【圆弧】对话框

（3）矩形 绘制矩形有三种方式，图 9-28 所示为【矩形】对话框，用户可以通过单击对话框中的相应按钮选择绘制矩形的方法。矩形绘制完成后将自动标记顶点的位置与矩形长、宽的尺寸。

（4）多边形 单击"多边形"按钮，将弹出【多边形】对话框，如图 9-29 所示。通过指定多边形的中点和边数，并设置和多边形相关联的圆的大小，可以确定多边形。多边形绘制完成后将自动标记定位与定形尺寸。

图 9-28 【矩形】对话框

图 9-29 【多边形】对话框

2. 编辑草图曲线命令

（1）倒斜角 "倒斜角"命令可用于在两条直线间产生倒角。有三种倒斜角的方式：对称、非对称、偏置和角度。图9-30所示为【倒斜角】对话框。

a）"对称"方式　　　　　　b）"非对称"方式　　　　　　c）"偏置和角度"方式

图9-30 【倒斜角】对话框

（2）圆角 "圆角"命令可用于在两条或三条曲线之间创建一个圆角。图9-31所示为【圆角】对话框。

对话框中按钮的含义依次为：

1）"修剪"按钮：在进行圆角处理时将修剪多余的边线。

2）"取消修剪"按钮：在进行圆角处理时将不修剪多余的边线。

3）"删除第三条曲线"按钮：在进行圆角处理时，如果圆角边与第三边相切，则删除第三条曲线。

4）"创建备选圆角"按钮：在几个可能解之间依次转换，供用户选取。

（3）快速修剪 "快速修剪"命令可用于对草图中的曲线进行修剪。如果待修剪的图线与其他图线相交，系统自动默认交点为修剪的断点，如果没有图线与其相交，则删除选取的图线。用户也可以按住鼠标的左键不放选中多段被修剪的图线。

（4）快速延伸 "快速延伸"命令可用于将选中的图线延伸到另一临近的曲线或选定的边界。操作方法同"快速修剪"命令。

（5）投影曲线 投影曲线是指把选取的几何对象沿着垂直于草图平面的方向投影到草图中而获得的图线。这些几何对象可以是在建模环境下创建的点、曲线、立体的边，也可以是其他草图中的图线。

图9-32所示为【投影曲线】对话框。

一般输出曲线类型为系统默认的类型"原始"。其他类型还有："样条段"，即输出的曲线是由一些样条段组成；"单个样条"，即输出的曲线是一条样条曲线。另外系统根据"公差"文本框中的公差值来决定是否将投影后的一些曲线段连接起来。

（6）派生直线 "派生直线"命令允许用户根据现有直线创建新的直线，共有三种创建方式：

1）以现有直线为参考直线，给出偏移距离，创建偏置直线。

2）根据两条平行直线创建其中心线。

图9-31　【圆角】对话框

图9-32　【投影曲线】对话框

3）根据两条相交直线创建其角平分线。

系统将根据用户的选择自动判断创建的方式。如果仅选择一条直线，系统就在派生曲线附近显示偏置距离，用户在"长度"文本框中输入适当数据即可生成另一条平行直线。如果选择的两条直线互相平行则利用第二种方式生成图线。

四、草图约束

约束能够精确控制草图中的对象。草图的约束包括尺寸约束和几何约束。尺寸约束的作用在于限制草图对象的大小。尺寸约束类似于机械设计中的制图尺寸，但是实际又不同于制图尺寸，因为尺寸约束可以驱动草图对象，如果改变尺寸数值，草图对象的大小也会随之变化。几何约束能够建立草图对象的几何特性、两个或多个草图对象之间的几何关系（如要求两条直线互相平行或几个圆的直径相等）。用户可以使用"显示/删除约束"命令显示/删除有关的几何信息，并在草图中显示/删除代表这些约束的标记。

1. 尺寸约束

建立草图的尺寸约束就是在草图上标注尺寸，并建立相应的表达式，以便实现参数化驱动。用户可以通过建立尺寸的方式建立尺寸约束，也可以通过系统参数设置"连续自动标注尺寸"选项由系统自动标注草图对象的尺寸值。

（1）设置自动标注尺寸　在初始的默认状态下，系统将启动"连续自动标注尺寸"功能。用户可以在导航区选择相应的草图，单击右键，在快捷菜单中选择"设置"选项，打开【设置】对话框，查看其中的"连续自动标注尺寸"复选框是否选中；也可以单击"主页"→"直接草图"→"更多"→"草图工具"选项组，选中"连续自动标注尺寸"，在每一条草图曲线绘制完成后，系统将自动标注其定形与定位尺寸，用户可以更改尺寸数值以驱动草图对象做相应改变。其效果如图9-33所示。

但有些情况下，系统自动标注的尺寸并不符合设计者的要求，因此，常常还需要用户根据需要建立尺寸约束。

（2）建立尺寸约束　选择"主页"→"直接草图"→"尺寸"按钮右侧的▼按钮，展开相应的列表（图9-34），可以从中选择尺寸约束的类型：快速尺寸、线性尺寸、径向尺寸、角

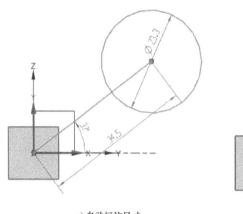
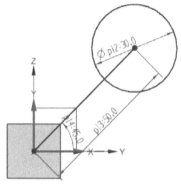

a) 自动标注尺寸 b) 更改尺寸值

图 9-33 自动标注尺寸

度尺寸及周长尺寸。

用户可以根据需要选择适当的尺寸约束类型，在随后出现的尺寸标注对话框中设定相应的选项，然后选择相应的草图对象进行尺寸标注，即建立尺寸约束。图 9-35 所示为各种类型尺寸约束所对应的对话框。其中，"快速尺寸"是最常用的一种尺寸约束类型。

每种尺寸约束类型中又可以选择不同的尺寸标注选项，如自动判断、水平、竖直、点到点、垂直、角度、

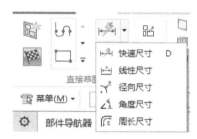

图 9-34 "尺寸"下拉列表

径向、直径等。图 9-36 所示为不同尺寸标注选项的示例。其中，自动判断尺寸选项是系统默认的，可通过基于选定的草图对象和光标的位置自动判断尺寸类型来创建尺寸约束。

2. 几何约束

草图中的图元可以存在某种几何关系，如位置关系、垂直关系、平行关系等。UG 将其定义为几何约束。几何约束的作用在于限定草图中各个对象之间的位置与形状关系。建立合理的几何约束，有利于简化建模过程，提高建模效率。添加几何约束主要有两种方法：自动产生约束与手动添加约束。

（1）设置自动几何约束 用户事先设置一些常用的几何约束类型，在绘制草图对象的过程中，系统将自动施加适合的几何约束。设置几何约束类型可以通过【几何约束】对话框实现。单击选项卡"主页"→"直接草图"→"几何约束"按钮，打开【几何约束】对话框，如图 9-37 所示。

在"启用的约束"选项中勾选各约束前的复选框即可将该约束自动用于草图对象的绘制，即当光标出现在某约束附近时，系统将对其启用相应的约束并在图元旁边动态显示该约束的图形符号。图 9-38 所示为几何约束类型及相应的图标。

（2）手动添加几何约束 手动添加几何约束的过程：单击选项卡"主页"→"直接草图"→"几何约束"按钮，在【几何约束】对话框的"约束"选项组中选择需添加的约束，然后按照系统提示选择要施加约束的草图对象。

a)【快速尺寸】对话框

b)【线性尺寸】对话框

c)【半径尺寸】对话框

d)【角度尺寸】对话框

e)【周长尺寸】对话框

图 9-35　各种类型尺寸约束对话框

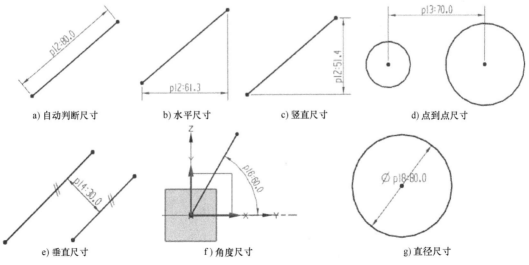

a) 自动判断尺寸　　　b) 水平尺寸　　　c) 竖直尺寸　　　d) 点到点尺寸

e) 垂直尺寸　　　f) 角度尺寸　　　g) 直径尺寸

图 9-36　各种尺寸标注选项的示例

图9-37 【几何约束】对话框　　　　　图9-38 几何约束类型及显示图标

图9-39所示为两个圆添加等半径约束前后的变化。

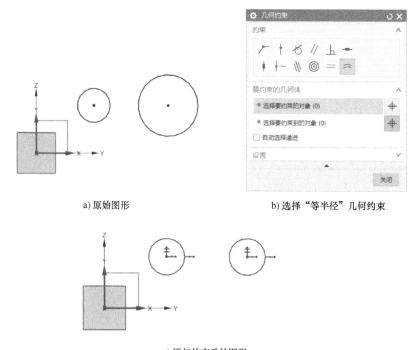

图9-39 创建几何约束

说明：对两个草图对象施加约束时，第一个选中的对象为"主对象"，第二个选中的对象为"从对象"，系统将调整"从对象"来配合"主对象"。因此，图9-39中的结果是第二个选中的圆（右边的大圆）半径发生变化。

（3）删除几何约束 建立的几何约束可以被删除。删除约束时先选中要删除的约束符号（如图9-40a中的"等半径约束"），再单击随后出现的"删除"快捷按钮（图9-40b）即可。

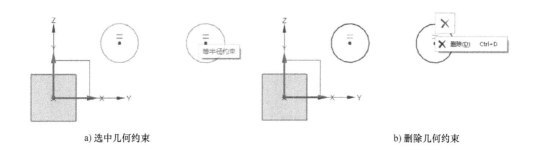

a) 选中几何约束　　　　　　　　　　　　　　b) 删除几何约束

图 9-40　删除几何约束

若有多个几何约束需要移除或显示，可以单击选项卡"主页"→"直接草图"→"更多"→"草图工具"→"显示/移除约束"，调出【显示/移除约束】对话框，如图 9-41 所示，通过其中的选项准确地选择。

五、草图绘制综合实例

1. 创建草图的方法

在 UG NX 中绘制草图与绘制二维机械图样的方式不同。绘制草图时，不要求一开始就用实际的尺寸进行精确绘制，可以先在草图平面上创建出大致轮廓，通过对草图添加几何约束和尺寸约束，并进行编辑，从而可以精确控制草图中的对象。一般为了作图及编辑方便，几何约束的建立常选择"自动几何约束"，再配合适当的"手动添加几何约束"，而尺寸约束可以根据用户习惯选择"连续自动标注尺寸"或"建立尺寸约束"两种方式。

2. 草图绘制实例

绘制如图 9-42 所示的草图。

在本例中，绘图环境设置如下：设置"自动添加几何约束"，取消"连续自动标注尺寸"，待绘制完成后再建立尺寸约束。读者也可尝试启用"连续自动标注尺寸"选项，体会两者的不同。

图 9-41　【显示/移除约束】对话框

（1）绘制外轮廓线　用"轮廓线"命令，先绘制直线（长度不限，但应满足"水平"的自动几何约束），然后绘制半圆（直径不限制，圆心角度设置为 180°），最后将直线首尾相连，得到如图 9-43 所示的轮廓。

（2）绘制其他图线

1）绘制同心圆。在绘制的过程中应注意保证已有圆弧的圆心点与新绘制圆的圆心点之间的"重合"几何约束关系。左边一组圆的圆心应与右边圆弧的圆心点保证"水平"几何约束。

2）绘制左边圆的切线。在绘制过程中保证"相切"几何约束，如图 9-44 所示。

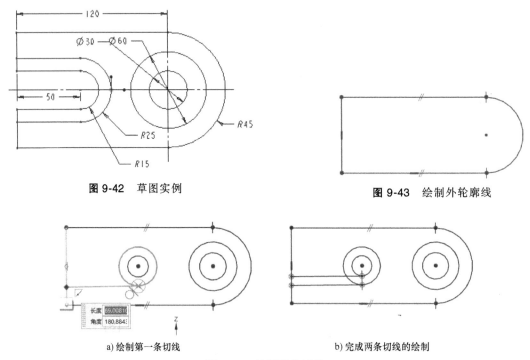

图 9-42 草图实例

图 9-43 绘制外轮廓线

a)绘制第一条切线

b)完成两条切线的绘制

图 9-44 绘制其他图线

绘制完成后,对两条切线手动添加"水平"几何约束,如图 9-45 所示。

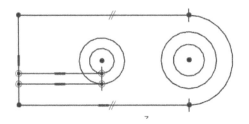

图 9-45 添加几何约束

(3)编辑图线

1)绘制参考线。过半圆的圆心绘制水平直线,并单击"转换为参考"命令按钮将其转换为中心线,如图 9-46 所示,作为以下"镜像曲线"命令的参考线。

a)单击"转换为参考"命令按钮

图 9-46 绘制参考线

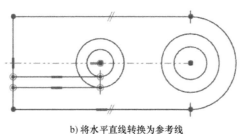

b) 将水平直线转换为参考线

图 9-46　绘制参考线（续）

2）镜像曲线。执行"镜像曲线"命令，分别拾取两条切线为要镜像的曲线，并选择中心线，获得草图图形如图 9-47 所示。

a)【镜像曲线】对话框

b) 命令执行的结果

图 9-47　镜像曲线

3）修剪图线。执行"快速修剪"命令，获得草图如图 9-48 所示。

（4）建立尺寸约束，完成绘图　选择"快速标注"与"径向标注"命令，给出符合要求的尺寸值，建立尺寸约束，完成草图的绘制。结果如图 9-49 所示。

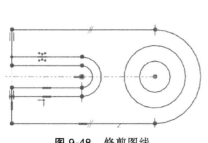

图 9-48　修剪图线

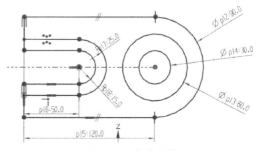

图 9-49　完成草图

习　题

9-1　回答以下问题：

1）UG NX 的特点有哪些？它主要包括哪些模块？

2）UG NX 的工作模式分为哪几种？

3）UG NX 草图工具有哪些？

4）UG NX 中草图约束工具分哪几种？如何添加 UG NX 中的草图约束？

9-2　绘制图 9-50 和图 9-51 所示的图样。

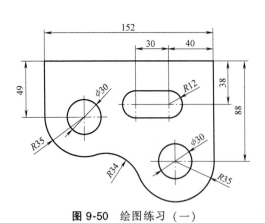

图 9-50 绘图练习（一）

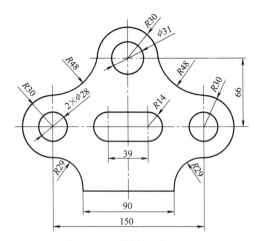

图 9-51 绘图练习（二）

第十章

实体特征的创建

　　UG NX 10.0 为用户提供了强大的创建三维模型的工具。本质上来说，创建三维模型主要有两种方法：一种方法是由参数直接构造三维实体，如长方体、圆柱体、圆锥体、球体等一些基本形体，又称为体素特征，执行命令后只需输入相关形状参数及位置参数即可，建模速度快；另一种方法是由二维草图轮廓生成三维实体模型，主要是通过拉伸、旋转、扫掠等特征命令创建。另外一些细节特征，如孔、槽、倒角、倒圆等，需要在已有的实体特征上通过给定参数的形式创建。

　　本章主要学习基本体素特征的创建方法、基本成形特征的创建方法以及常用的成形特征创建步骤。

第一节　体　素　特　征

　　创建实体特征的功能按钮在"主页"选项卡的"特征"功能区中，如图 10-1 所示，主要包括创建基准的下拉菜单按钮（包括基准平面、基准轴、基准坐标系、基准点等），创建设计特征的下拉菜单按钮（包括拉伸、旋转等），以及创建孔、阵列、镜像、布尔运算、倒斜角、拔模斜度等特征的按钮。

图 10-1　"特征"功能区

　　为了便于设计工作，需要在当前的功能区中添加更多的常用按钮。其方法是通过单击"特征"功能区右下方的三角按钮▼，在出现的下拉菜单中选择相应选项。图 10-2a 所示为

a)

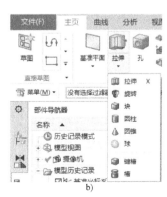

b)

图 10-2　添加常用的特征按钮

选择了"设计特征下拉菜单"，再在打开的下拉菜单中勾选需显示的按钮。图 10-2b 中除了系统默认的两个选项（拉伸、旋转）外，还勾选了四个体素特征按钮（块、圆柱、圆锥、球）及两个成形特征按钮（键槽、槽）。

另外，也可以通过选择"菜单"下的"插入"选项中的相应命令执行创建特征的操作。图 10-3 所示为"菜单"→"插入"→"设计特征"中的各选项，与"特征"功能区中的按钮的功能相同。

图 10-3　"插入"菜单

基本体素特征是基本解析形状的实体，包括长方体、圆柱体、圆锥体和球体。这四个基本体素特征常常作为实体建模基础特征使用，相当于实际生产中的毛坯。因此，体素特征在设计中是最基本的特征。

一、长方体

创建长方体特征可以通过单击选项卡中的"块"按钮创建。通过此命令创建的基本块实体与其定位对象相关联。图 10-4 所示为【块】对话框。

创建长方体的方法有三种："原点和边长""两点和高度"以及"两个对角点"。各方法中的参数不同，图 10-4 所示为三种方法对应的对话框及其参数选项。

对话框中各选项的含义如下：

1）类型：选择创建长方体的方法。

a）"原点和边长"方式　　b）"两点和高度"方式　　c）"两个对角点"方式

图 10-4 【块】对话框

原点和边长：通过定义每条边的长度和顶点来创建长方体。

两点和高度：通过定义底面的两个对角点和高度来创建长方体。

两个对角点：通过定义两个三维形体对角点来创建长方体。

2）原点：用于指定长方体的定位点，对于不同的类型需要指定不同的原点。

3）尺寸：用于输入定义长方体的尺寸值，如"长度""宽度""高度"。

4）布尔：为新建的长方体设定布尔运算，包括"无""求和""求差"和"求交"四种方式。如果本次创建的实体为第一个特征，则布尔运算仅有"无"选项可用。

二、圆柱体

创建圆柱体的方法有两种："轴、直径和高度"与"圆弧和高度"。图 10-5 所示为两种方法对应的对话框及其参数选项。

对话框中各选项的含义如下：

（1）类型　选择创建圆柱体的方法。"轴、直径和高度"是指给出方向矢量、直径和高度以创建圆柱体。"圆弧和高度"是指使用圆弧和高度参数的方法创建圆柱体。

（2）轴　指定圆柱体的位置与轴向。

1）指定矢量：指定圆柱轴的矢量方向，系统默认 Z 轴方向为圆柱轴的矢量方向。指定矢量时，可以使用的按钮有三个，其含义及操作如下：

：改变矢量方向的按钮。若单击该按钮，表示矢量的方向将与当前的方向相反。

：【矢量】对话框按钮。若单击该按钮，将调出【矢量】对话框，如图 10-6 所示。在对话框的"类型"下拉列表框中可以选择合适的方式定义矢量方向，如图 10-7 所示，如"自动判断的矢量""两点""面/平面法向""与 XC 成一角度""曲线/轴矢量"等。

a)"轴、直径和高度"方式

b)"圆弧和高度"方式

图 10-5 【圆柱】对话框

图 10-6 【矢量】对话框

图 10-7 定义矢量的各种方式

图 10-8 矢量定义方式的快捷按钮

：矢量定义方式的快捷按钮。其作用与【矢量】对话框中"类型"下拉列表框中的选项一致。单击按钮后面的三角符号▼，可以在出现的下拉列表中选择适当的定义矢量的方式，如图 10-8 所示。

2）指定点：指定圆柱体底面的圆心点。指定点时，可以使用的方式有两种。

：【点】对话框按钮。若单击该按钮，将调出【点】对话框，如图 10-9a 所示，在"类型"下拉列表框中可以选择合适的方式定义点，如图 10-9b 所示。

：定义点的快捷按钮，其作用与【点】对话框中"类型"下拉列表框中的选项一致。单击按钮后面的三角符号▼，可以在出现的下拉列表中选择适当的定义点方式，如图 10-10 所示。

a)　　　　　　　　　　　b)

图 10-9　【点】对话框

（3）尺寸　给出相应的参数值确定圆柱体的形状。

（4）布尔　为新建的圆柱体选择布尔运算的方式。

三、圆锥体

创建圆锥体的方法有五种，图 10-11 所示为五种方法对应的
对话框及其参数选项。

对话框中各选项的含义如下：

1）类型：选择创建圆锥体的方法。

直径和高度：通过定义底部直径、顶部直径和高度值创建圆
锥体。

直径和半角：通过定义底部直径、顶部直径和半角值创建圆
锥体。

底部直径，高度和半角：通过定义底部直径、高度和半角值
创建圆锥体。

图 10-10　定义点的快捷按钮

顶部直径，高度和半角：通过定义顶部直径、高度和半角值创建圆锥体。

两个共轴的圆弧：通过选择两条圆弧创建圆锥体。这两条圆弧并不需要相互平行，但这
两条圆弧的直径值不能相同。

2）轴：用于指定圆锥体的位置与轴向。

指定矢量：用于指定圆锥体的轴向矢量。"指定矢量"按钮的含义与【圆柱】对话框中
相应的按钮含义相同。

指定点：用于指定圆锥体底面（或顶面）圆心的位置。"指定点"按钮的含义与【圆
柱】对话框中相应按钮含义相同。

3）尺寸：用于指定圆锥体的特征尺寸。

4）布尔：为新建的圆锥体指定布尔运算的类型，包括"无""求和""求差"和"求

a)"直径和高度"方式

b)"直径和半角"方式

c)"底部直径，高度和半角"方式

d)"顶部直径，高度和半角"方式

e)"两个共轴的圆弧"方式

图 10-11 【圆锥】对话框

交"四种方式。

四、球体

创建基本球体的方法有两种："中心点和直径"与"圆弧"。图 10-12 所示为两种方法对应的对话框及其参数选项。

a)"中心点和直径"方式

b)"圆弧"方式

图 10-12 【球】对话框

对话框中各选项的含义如下：

1）类型：选择创建球体的方法。其中，"中心点和直径"是指通过定义直径值和中心点创建球体，"圆弧"是指通过选择圆弧创建球体。

2）中心点：用于指定球体的中心。其中，"指定点"按钮的含义与【圆柱】对话框中相应按钮含义相同。

3）尺寸：用于指定球体的特征尺寸。

4）圆弧：用于指定创建球体的圆弧。

五、实例

以下用实例说明创建各体素特征的基本步骤。

1. 创建长方体

长度为200mm，宽度为100mm，高度为50mm，定位点（长方体的左下角顶点）与坐标原点重合。

创建的步骤如下：

1）执行"块"命令。

2）"类型"选择"原点和边长"方式。

3）选择坐标原点为定位点。

4）在"尺寸"选项组给出相应的尺寸值。

5）由于是第一个实体特征，布尔运算默认为"无"。单击"确定"按钮完成长方体的创建。结果如图10-13所示。

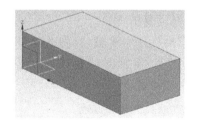

a) 对话框参数　　　　　　　　　　b) 生成模型

图 10-13 创建长方体

2. 创建圆柱体

圆柱体底面直径为30mm，高度为50mm。圆柱体底面圆心位于长方体下底面的中心位置。创建的步骤如下：

1）执行创建圆柱体命令，弹出【圆柱】对话框。

2）"类型"选择"轴，直径和高度"方式，如图10-14所示。

3）确认轴的方向和位置。

其中，矢量方向为系统默认的 Z 轴正向，无须再选择。

轴的位置需要通过指定点确定：单击"点对话框"按钮，在随后出现的【点】对话框中给出定位点的坐标值，如图 10-15 所示，单击"确定"按钮，回到【圆柱】对话框。

　　4）在"尺寸"选项组中给出相应的尺寸，如图 10-16 所示。

图 10-14　【圆柱】对话框

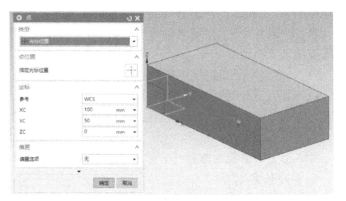

图 10-15　给出定位点

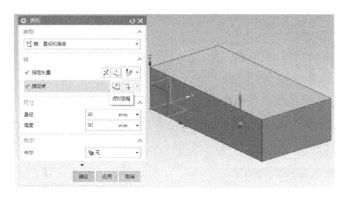

图 10-16　给出直径与高度

　　5）选择布尔运算的方式。

　　若选择布尔运算为"求差"，则出现如图 10-17 所示的圆柱孔。若选择布尔运算为"求和"，则出现如图 10-18 所示的圆柱体。（注意，为了看出效果，圆柱"尺寸"选项组中"高度"值变为 100mm。）

a) 布尔运算参数选择

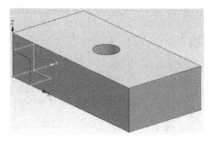

b) 模型

图 10-17　生成圆柱孔

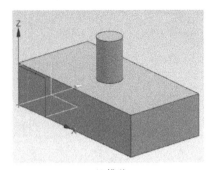

a）布尔运算参数选择　　　　　　　　　　　b）模型

图 10-18　生成圆柱体

3. 创建圆锥体

圆锥体底面圆直径为 50mm，高度为 25mm。圆锥体底面圆心位于圆柱体上底面的圆心。

1）执行创建圆锥体命令，弹出【圆锥】对话框。

2）"类型"选择"直径和高度"方式，如图 10-19a 所示。

3）确认轴的方向和位置。

其中，矢量方向为系统默认的 Z 轴正向，无须再选择。

轴的位置需要通过指定点确定：确认"指定点"中选择点方式为"圆心点"，在模型中选择圆柱上底面圆心点，此时绘图区的显示结果如图 10-19b 所示。

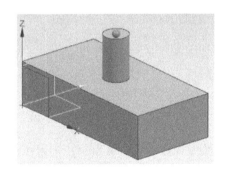

a）【圆锥】对话框　　　　　　　　　　　b）选择圆心点

图 10-19　圆锥参数的设置

4）在"尺寸"选项组中给出相应的尺寸，选择布尔运算为"求和"，如图 10-20a 所示。绘制结果如图 10-20b 所示。

4. 创建球体

球体直径为 100mm。球心位于长方体上表面。

1）执行创建球体命令，弹出【球】对话框。

2）"类型"选择"中心点和直径"方式，如图 10-21a 所示。

3）确认中心点的位置。

a) 给定尺寸参数

b) 生成模型

图 10-20　生成圆锥体

球心的位置需要通过指定点确定：单击"点对话框"按钮，在随后出现的【点】对话框中给出定位点的坐标值，如图 10-21b 所示，单击"确定"按钮，回到【球】对话框。

a)【球】对话框

b) 球心坐标

图 10-21　参数设置

4）在"尺寸"选项组中给出相应的尺寸。选择布尔运算为"求差"，生成如图 10-22 所示的造型。

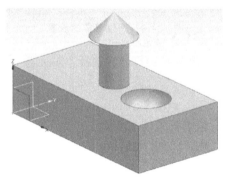

图 10-22　生成造型

第二节　基本实体特征

一、基准特征

UG NX 中的基准特征包括基准平面、基准轴和基准坐标系。这些特征在创建零件一般特征、模型定位和零件装配等方面起着重要的辅助作用。

建立基准特征的各项命令，可以通过直接单击"主页"选项卡中"特征"功能区的"基准"按钮完成，也可以通过单击"菜单"→"插入"→"基准/点"来实现，如图 10-23 所示。

1. 基准平面

新建文件时，只有三个相互垂直的基准平面。当模型中没有合适的平面时，用户可以根据需要创建符合设计要求的基准平面。基准平面常用于以下几种情况：

1）在草图环境下，作为草图平面或草图绘制时的方向参考面、标注尺寸的参考面。

2）在零件模式下，作为视图显示时的参考面、镜像特征的参考面。

3）在装配模式下，作为对齐、匹配等装配约束条件的参考面。

4）在二维工程图的模式下，作为建立剖视图的参考平面。

执行"基准平面"命令，单击功能区按钮或选择"菜单"→"插入"→"基准/点"→"基准平面"，系统会弹出【基准平面】对话框，如图 10-24 所示。该对话框中"类型"下拉列表框用于选择设置基准平面的方式，图 10-25 所示为系统提供的所有方式。

a) 按钮

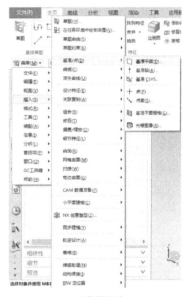

b) 菜单选项

图 10-23　功能区按钮和菜单选项

创建基准平面的方式很多，可以根据需要灵活选择。常用的有以下几种。

（1）按某一距离　选择参考平面，偏移一定距离以获得新的基准平面。图 10-26 所示为"按某一距离"创建基准平面的参数设置。

对话框中需要设定的参数包括：

1）平面参考：即创建新基准平面的参考，可以选择原有的坐标平面或者模型上的平面。

2）偏置：设置偏置的距离、方向及平面的数量。

如图 10-27 所示，选择长方体上平面为参考，方向为 Z 轴正方向，偏移距离设置为 67.5mm，平面的数量为 2，系统将创建两个基准平面。

图 10-24 【基准平面】对话框

图 10-25 "类型"下拉列表框

图 10-26 "按某一距离"
创建基准平面

a) 参数设置

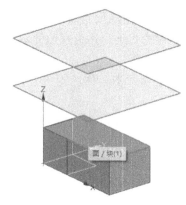

b) 生成新基准

图 10-27 创建基准平面

（2）二等分 选择两个平面，在距离两个平面等距离处（或给定距离）创建基准平面。图 10-28 所示为"二等分"方法创建基准平面的参数设置。

对话框中需要设定的参数包括：

1）第一平面与第二平面：即创建新基准平面的两个参考平面，可以选择原有的坐标平面或者模型上的平面。

2）偏置：可以不设置偏移量，则新的基准平面在所选择两个平面的中间，与两个平面等距离处。也可以勾选"偏置"复选框，给出偏置的距离与方向。

例如选择长方体前、后两个相互平行的平面作为参考平面，未勾选"偏置"复选框，创建的基准平面如图 10-29 所示。若勾选"偏置"复选框，设置偏移距离为 20mm，则创建的基准平面如图 10-30 所示。

如果选择两个相交的平面为参考平面，未勾选"偏置"复选框，创建的基准平面如图 10-31 所示。

2. 基准轴

基准轴和基准平面一样，可以用于创建特征的参照。执行"基准轴"命令，单击功能区按钮或选择"菜单"→"插入"→"基准/点"→"基准轴"，系统会弹出【基准轴】对话框，如图 10-32a 所示。

该对话框中"类型"下拉列表框用于选择设置基准轴的方式，图 10-32b 所示为系统提供的所有方式。下面以"点和方向"方式为例说明其生成过程。

1）选择建立基准轴的类型，如图 10-33 所示。

2）给出建立基准轴需要的参数。本例中需要给出基准轴通过的点的位置以及方向，如图 10-34 所示。

图 10-28　"二等分"方法创建基准平面

a) 参数设置

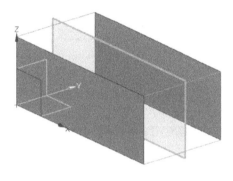

b) 生成新基准平面

图 10-29　创建基准平面（一）

a) 参数设置

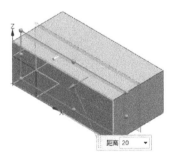

b) 给定偏移方向

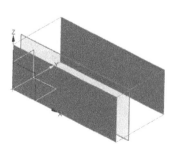

c) 生成新基准平面

图 10-30　创建基准平面（二）

3. 基准坐标系

UG NX 中的坐标系作为参照特征，其作用在于：作为定位其他特征的基准；作为计算质量属性的基准；作为测量距离的基准；作为零件设计和装配的基准；作为文件输入和输出的基准；作为加工制造的基准。

系统提供了一个默认的基准坐标系。用户可以根据模型设计的需要，设置新的基准坐标系。执行"基准坐标系"命令，单击功能区按钮或选择"菜单"→"插入"→"基准/点"→"基准坐标系"，系统会弹出【基准 CSYS】对话框，如图 10-35a 所示。

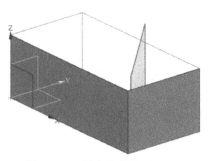

图 10-31　创建基准平面（三）

a) 对话框　　　　b)"类型"下拉列表框

图 10-32　【基准轴】对话框

图 10-33　选择基准轴类型

a) 给出点的坐标

b) 选择方向

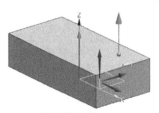

c) 生成新基准轴

图 10-34　创建基准轴

该对话框中"类型"下拉列表框用于选择设置基准坐标系的方式，图 10-35b 所示为系统提供的所有方式。常用的创建坐标系的方法如下：

a) 对话框

b) "类型"下拉列表框

图 10-35 【基准 CSYS】对话框

1) "原点，X 点、Y 点"方式。如图 10-36 所示。

a) 对话框

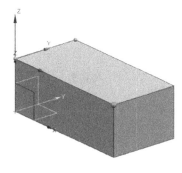

b) 指定原点、X 轴、Y 轴上的点

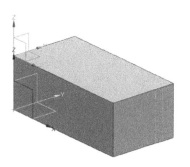

c) 生成新基准平面

图 10-36 "原点，X 点、Y 点"方式创建坐标系

2) "偏置 CSYS"方式。首先选择参考坐标系为参照对象，在"平移"选项组中直接输入沿 X、Y、Z 三个方向的偏移距离，在"旋转"选项组中输入绕 X、Y、Z 三个方向的旋转角度，即可生成新的坐标系。如图 10-37 所示为以 WCS 坐标系为参考，分别给出沿 X、Y、Z 三个方向的偏移距离而创建的新坐标系。

二、拉伸特征

拉伸是沿着与草图垂直的方向生成一定深度的实体特征，根据布尔运算是求和、求差或求交，最终决定添加或去除材料。拉伸是实体创建过程中最常用、最基本的造型方法，往往用于规则物体的造型。

1. 创建拉伸特征

单击"主页"选项卡"特征"功能区中的"拉伸"按钮，或者选择"菜单"→"插

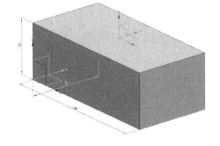

a) 给出参数   b) 新坐标系

图 10-37 "偏置 CSYS" 方式创建新坐标系

入"→"设计特征"→"拉伸"命令，如图 10-38 所示。系统将打开如图 10-39 所示的【拉伸】对话框。

a)"拉伸"按钮   b) 菜单中的"拉伸"命令

图 10-38 【拉伸】对话框的打开方式

创建拉伸特征的具体操作步骤为：

1）单击"截面"选项组中的"绘制截面"按钮 ，定义草图截面，如图 10-40 所示。

图 10-39　【拉伸】对话框

图 10-40　选择放置草绘的平面

在【创建草图】对话框中选择草绘平面。可以选择现有的平面，也可以创建新平面，创建平面的方法如前所述。本例中直接选择现有的 *YZ* 基准平面。然后单击"确定"按钮可进入二维草图平面开始绘制草图。

2）绘制草图。绘制如图 10-41a 所示的图形，先绘制主要轮廓，然后添加必要的几何约束与尺寸约束，绘制的草图如图 10-41b 所示。单击左上角选项卡功能区的"确认"按钮🦋，返回零件造型模式。

a) 绘制草图轮廓　　　　　　　　　　　　b) 增加约束

图 10-41　绘制草图

3）给定拉伸方向。草图绘制结束后，系统会以黄色箭头表示拉伸方向，如图 10-42 所示。要改变箭头的方向，可以单击对话框中的"反向"按钮 ⊠。

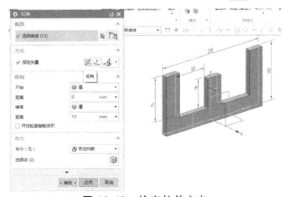

图 10-42　给定拉伸方向

4）给定拉伸深度。

在"距离"文本框中输入数值，特征将从草绘平面开始，按照输入的数值向给定的方向拉伸。

如图10-43所示，在"开始""距离"文本框中为0mm，"结束""距离"文本框中为100mm，单击"确定"按钮，即得到三维实体，如图10-44所示。

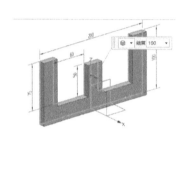
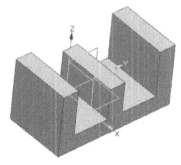

图10-43　给定拉伸深度　　　　　　　　图10-44　生成拉伸实体

2. 其他选项的含义及说明

（1）关于草绘图形　在三维实体建模过程中，因实体类型的不同而对剖面的绘制要求也是有所区别的。大多数情况下，要求草绘图形是封闭的，即几何图元首尾相连。而曲面的构建则不需要图元封闭。

（2）关于拉伸特征的深度限制　在确定特征深度时，需要设置开始位置及结束位置。

1）开始：常用的为"值"选项，"距离"可以为0，也可以为其他数值（正负值都可以）。例如，对于图10-44中的模型，若设定开始距离为0，则拉伸特征自草图平面开始，若设定开始距离为50mm，则拉伸特征开始位置距离草图平面50mm，生成的拉伸特征如图10-45所示。

除了"值"选项外，也可以选择其他类型，如图10-46所示。例如选择"对称值"选

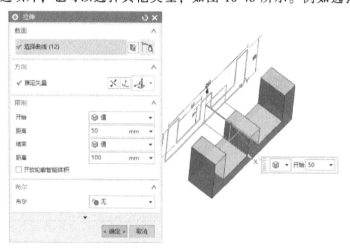

图10-45　生成拉伸特征

项，设定"距离"为100mm，则拉伸特征为以草图平面为对称平面，向两个方向拉伸的深度都为100mm，即总的拉伸深度为200mm。

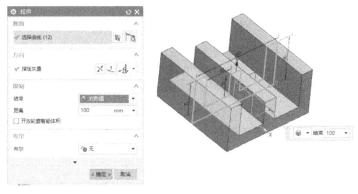

图 10-46　选择"对称值"拉伸方式

2）结束：结束的类型可以有多种限制形式。

执行"拉伸"命令，选择草图平面，并绘制截面，如图10-47所示。

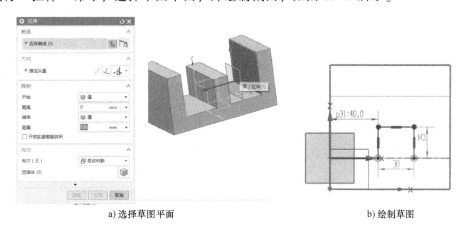

a) 选择草图平面　　　　　　　　　　b) 绘制草图

图 10-47　绘制截面

设定"结束"为"值"，"距离"设为30mm，模型如图10-48所示。

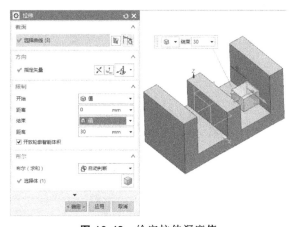

图 10-48　给定拉伸深度值

设定"结束"为"直至选定",选择平面,则拉伸特征直到所选定的面结束,生成的模型如图 10-49 所示。若设定"结束"为"直至延伸部分",选择平面,则拉伸特征直到所选定的面结束。

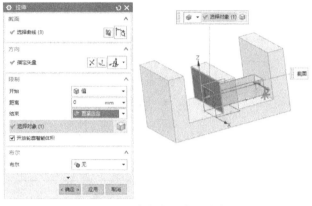

图 10-49 设定为"直至选定"

"直至延伸部分"相当于所选的结束面是无限大的,其用途比"直至选定"的范围更广。图 10-50 所示模型的比较说明了两者的区别。圆形的草图轮廓超出了选定面(长方体的底面)界限,如果选择"直至选定"选项,则不能生成新的形体(图 10-50a),选择"直至延伸部分"选项,则生成新的模型(图 10-50b)。

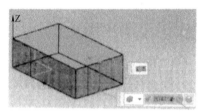
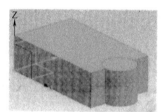

a) 直至选定   b) 直至延伸部分

图 10-50 选定参数不同的比较

设定"结束"为"直至下一个",选择方向,则拉伸特征沿此方向直到下一个面结束,生成的模型如图 10-51 所示。设定"结束"为"贯通",选择方向,则拉伸特征沿此方向贯

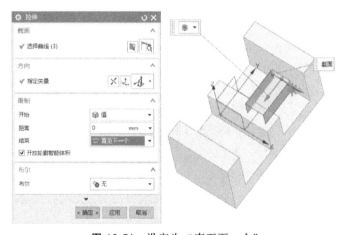

图 10-51 设定为"直至下一个"

通所有的面结束，生成的模型如图 10-52 所示。

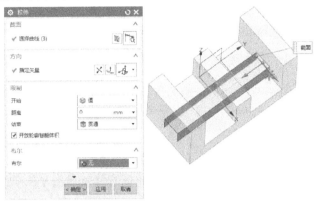

图 10-52 设定为"贯通"

（3）关于布尔运算 创建拉伸特征时，可以根据需要设定布尔运算的方式。按照如图 10-52 所示的参数设置，选择不同的布尔运算"求差"或者"求和"，得到的模型分别如图 10-53a、b 所示。

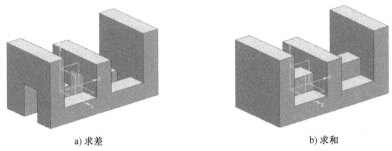

a）求差   b）求和

图 10-53 布尔运算

（4）其他参数 单击【拉伸】对话框下方的三角按钮，可以显示有关拉伸特征的其他参数，如图 10-54 所示。

1）拔模：该项用于设置在拉伸时进行拔模处理。拔模角度可以是正值也可以是负值，还可以指定拔模斜度开始的位置。

2）偏置：定义偏置参数（包括"无""单侧""两侧""对称"），并给定偏置的数值，可以生成特定厚度的拉伸体。例如，若偏置设置为"单侧"，数值为 5，则生成的拉伸体为厚度 5mm 的壳体。

3）设置：可以设置拉伸体的类型是"实体"或者"片体"。若选择"片体"类型，则生成拉伸曲面。

三、旋转特征

1. 旋转特征参数

旋转特征是具有一定形状的截面绕指定轴线旋转一定角度后得到的实体或片体特征，也是创建实体特征常用的方法之一。单击"主页"选项卡"特征"功能区中的"旋转"按钮，或者选择"菜单"→"插入"→"旋转"命令，系统将打开【旋转】对话框，如图 10-55 所示。该对话框中各选项的含义如下。

1）截面：截面曲线可以是基本曲线、草图、实体或片体的边，并且可以是封闭的也可以是不封闭的，截面曲线必须在旋转轴的一边，不能相交。

2）轴：通过指定矢量方向与轴心的位置点来指定旋转轴。

指定矢量：可以用【矢量】对话框中的按钮 调出对话框来设定，也可以用快捷的"选择矢量"按钮 来设定。

指定点：为旋转中心点。可以用【点】对话框中的按钮 调出对话框来设定，也可以用快捷的"选择点"按钮 来设定。

3）限制：用于设定旋转的起始角度和结束角度，有以下两种方法。

值：通过指定旋转对象相对于旋转轴的起始角度和终止角度来生成实体，在其后的文本框中输入数值即可。

直至选定对象：通过指定对象来确定旋转的起始角度或结束角度。

4）布尔：设置旋转体与原有实体之间的关系，包括无、求和、求差和求交。

5）偏置：用于设置旋转体在垂直于旋转轴方向上的延伸。

6）体类型：用于设置旋转体类型为片体或实体。

生成实体的情况：①封闭的轮廓（默认为实体）；②不封闭的轮廓，旋转角度为360°；③不封闭的轮廓，以偏置距离为厚度的实体（旋转角度可以为任意值）。

生成片体的情况：①封闭的轮廓（体类型为片体）；②不封闭的轮廓，旋转角度小于360°。

2. 创建旋转特征实例

创建旋转特征的具体操作步骤如下。

1）单击"截面"选项组中的"绘制截面"按钮 ，定义草图截面。在随后出现的【创建草图】对话框中选择草绘平面。可以选择现有的平面，也可以创建新平面，创建平面的方法如前所述。本例中直接选择现有的 YZ 基准平面。然后单击"确定"按钮进入二维草图平面开始绘制草图。

图 10-54 【拉伸】扩展对话框

图 10-55 【旋转】对话框

图 10-56 绘制旋转截面

2）绘制草图。绘制如图 10-56 所示的图形。先绘制主要轮廓，然后添加必要的几何约束与尺寸约束。单击左上角选项卡功能区的"确认"按钮，返回零件造型模式。

3）设定矢量轴为默认的 Z 轴，旋转中心点为默认的原点。

4）设置旋转角度。

在对话框相应文本框中输入旋转角度，即可得到旋转实体，如图 10-57 所示。

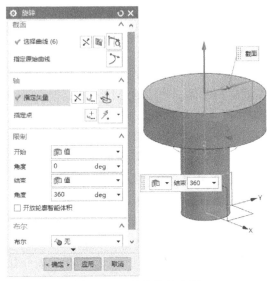

图 10-57　给定旋转角度

默认情况下，特征会沿逆时针方向旋转到指定角度，单击对话框中的"反向"按钮 ⊠，可以改变旋转的方向。

说明： 旋转截面与拉伸截面相似，当旋转特征为实体时，要求截面闭合，无多余线条，如图 10-58 所示；当旋转特征为曲面或薄壳时，截面可以开放，如图 10-59 所示。

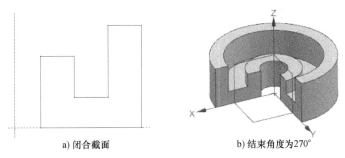

a) 闭合截面　　　　　　　　b) 结束角度为270°

图 10-58　闭合截面及其旋转特征

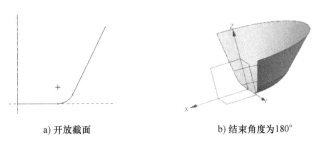

a) 开放截面　　　　　　　　b) 结束角度为180°

图 10-59　开放截面及其旋转特征

四、扫掠特征

扫掠特征是使指定截面曲线沿指定的引导线运动，从而扫掠出实体或片体。因此要创建扫掠特征，需要给定两大基本要素：扫掠轨迹和扫掠截面。

要生成扫掠实体特征，对扫掠截面和引导线有以下要求：截面和引导线至少有一个是封闭的。一般情况下，对于开放式的扫掠轨迹，绘制的扫掠截面应闭合。

通常，应先绘制扫掠截面与引导线的草图，再执行扫掠命令，在创建特征的过程中，分别选择截面草图与引导线草图。

创建扫掠特征的方式有多种：

1）扫掠：用于创建常规的扫掠体，截面的形状不变，但引导线可以有三条，可以通过引导线控制截面沿引导线的变化，从而生成复杂的形体。

2）变化扫掠：在扫掠引导线上定义多个截面，可以产生截面沿引导线变化的效果。

3）沿引导线扫掠：将截面沿着一定的引导线进行扫描拉伸，可以生成实体或者片体。该方式可以设置偏置的数值，从而获得管形的扫掠体。

4）管道：这种方式将以两个同心圆作为截面，形成环形的管道。

以下用实例说明利用"沿引导线扫掠"方式创建扫掠特征的过程。

1. 绘制扫掠截面的草图

执行绘制草图命令，选择 XZ 平面为草绘平面，绘制封闭截面如图 10-60 所示。

2. 绘制引导线

执行绘制草图命令，选择 XY 平面为草绘平面，绘制引导线如图 10-61 所示。

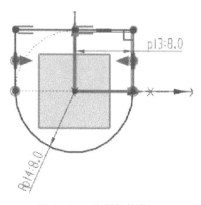

图 10-60　绘制扫掠截面

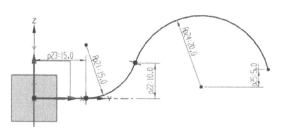

图 10-61　绘制引导线

3. 执行"扫掠"命令

单击"主页"选项卡"特征"功能区中的"更多"按钮下的三角符号▼，在下拉菜单中选择"沿引导线扫掠"；或者选择"菜单"→"插入"→"扫掠"→"沿引导线扫掠"命令，如图 10-62 所示。

系统将打开【沿引导线扫掠】对话框，如图 10-63 所示。

4. 生成扫掠特征

分别选择已存在的截面与引导线，设置偏置参数，生成扫掠特征。图 10-64 所示为偏置都为 0 以及第一偏置为 0、第二偏置为 5 时，生成的不同特征。

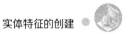

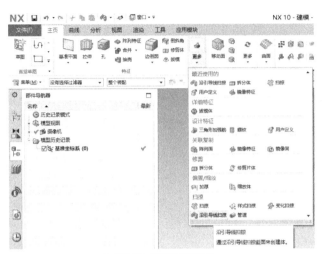

a)"更多"按钮的下拉菜单

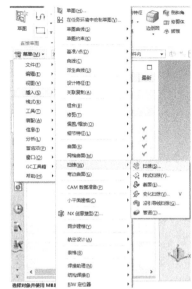

b)"菜单"中的"扫掠"命令

图 10-62　执行"扫掠"命令

图 10-63　【沿引导线扫掠】对话框

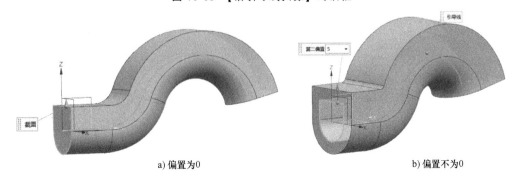

a)偏置为0　　　　　　　　　b)偏置不为0

图 10-64　闭合截面的扫掠特征

第三节　设　计　特　征

一、设计特征概述

设计特征是以现有模型为基础创建的实体特征，利用该特征工具可以直接创建出更为细致的实体特征，如各种类型的孔、凸台、腔体、键槽等，相当于实际生产中对现有毛坯进行进一步成形加工，因此又称为成形特征。设计特征不能独立出现，必须在空间中存在模型实体时才能创建。

创建设计特征的各项命令可以通过选择"菜单"→"插入"→"设计特征"下拉菜单中的相应命令实现，也可以直接单击"主页"选项卡中"特征"功能区的相应按钮完成。其中"孔"是一个独立的按钮，其他特征按钮与"拉伸""旋转""块"等按钮在同一按钮的下拉列表中，如图 10-65 所示。按钮可以通过单击"特征"功能区右下角的三角符号，在弹出的下拉列表中选择添加，如图 10-66 所示。

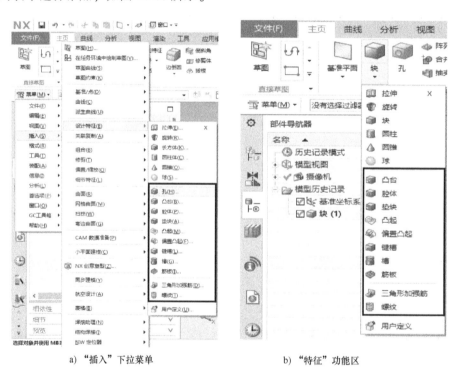

a)"插入"下拉菜单　　　　　　b)"特征"功能区

图 10-65　"设计特征"命令

设计特征的几何形状是确定的，通过在创建过程中改变其尺寸可以得到相似形状的几何特征。设计特征需要安放在实体特征的表面，因此在创建设计特征的过程中，一般要给出特征的放置位置（包括安放表面与定位尺寸）和特征形状尺寸两方面的信息。

1. 特征的安放表面

对大多数设计特征来说安放表面必须是平面，对开槽（槽）来说安放表面则必须是柱面或锥面。安放表面通常是选择已有实体的表面，如果没有平面可用作安放面，可以使用基准表面作为安放面。特征是正交于安放表面建立的，并且与安放表面相关联。

另外，为了定义有长度参数的设计特征（如键槽、矩形腔与矩形垫块）的长度方向，需要定义水平参考。为了定义水平或垂直类型的定位尺寸，也需要水平参考。任意可投影到安放表面上的线性边缘、平表面、基准轴或基准面均可被定义为水平参考。

2. 特征的定位

在设计特征的创建过程中，都会涉及特征的定位方式。定位尺寸是沿安放面测量的距离值，被用来定义设计特征到安放面的正确位置。常用的定位方式如图 10-67 所示。

其中各按钮对应的定位约束作用说明如下：

水平：创建的定位尺寸约束在与水平参考对齐的两点之间。

竖直：创建的定位尺寸约束在与竖直参考对齐的两点之间。

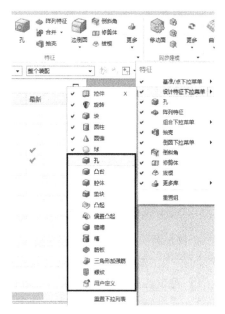

图 10-66　添加按钮

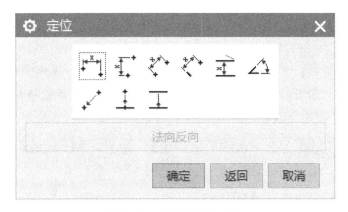

图 10-67　特征的定位方式

平行：在平行于工作平面测量时，创建的定位尺寸约束两点之间的距离。

垂直：创建的定位尺寸约束目标实体的边缘与特征或草图上的点之间的垂直距离。

按一定距离平行：创建一个定位尺寸，它对特征或草图的线性边和目标实体的线性边进行约束，以使其平行并相距固定距离。

角度：以给定角度，在特征的线性边和线性参考边/曲线之间创建定位约束尺寸。

点落在点上：创建的定位尺寸与"水平"选项相同，但是两点之间的固定距离设置为零。

点到线：创建的定位尺寸与"垂直"选项相同，但是边或曲线与点之间的距离设置为零。

线到线：创建的定位尺寸与"按一定距离平行"选项相同，但是在目标实体上，特征或草图的线性边和目标的线性边或曲线之间的距离设置为零。

3. 创建设计特征的一般步骤

虽然设计特征的种类很多，但创建特征的一般步骤很相近，主要如下：

1）选择下拉菜单命令或单击"特征"功能区中的相应按钮，执行创建特征的命令。

2）选择特征的类型，如孔有常规孔、螺纹孔等，腔有圆形腔、矩形腔和通用腔。

3）选择安放表面、定位。

4）选择水平参考（此为可选项，用于有长度参数值的设计特征）。

5）选择过表面（此为可选项，用于通孔和通槽）。

6）给出特征形状的尺寸参数值。

7）选择布尔运算方式（"无"或者"求差"）。

二、孔特征

孔特征是一种常用的工程特征。UG NX 可以创建多种类型的孔，包括常规孔、钻形孔、螺钉间隙孔、螺纹孔和孔系列，这些孔又包含多种成形形状如沉头、埋头、锥孔等。

1）可以在非平面上创建孔，可以不指定孔的放置面。

2）通过指定多个放置点，在单个特征中创建多个孔。

3）通过指定点对孔进行定位，而不是利用定位方式对孔进行定位。

4）通过使用格式化的数据表为钻形孔、螺钉间隙孔和螺纹孔创建孔特征。

5）创建孔特征时，可以使用"无"和"求差"布尔运算。

创建孔特征时，应给出孔的类型、孔的尺寸（深度及直径）以及孔放置的位置。这些参数通过【孔】对话框进行设置。

单击"主页"选项卡"特征"功能区的"孔"命令按钮，如图 10-68 所示，或选择"菜单"→"插入"→"设计特征"→"孔"，执行创建孔的命令。系统将弹出【孔】对话框，在其中可以选择孔的类型，如图 10-69 所示。

图 10-68 "特征"功能区

1. 常规孔

通过此选项可创建指定尺寸的简单孔、沉头孔、埋头孔或锥孔特征。常规孔可以选择"盲孔""通孔""直至选定对象"或"直至下一个面"。

图 10-70 所示为常规孔的选项，各选项的意义如下：

1）位置：指定孔中心的位置。

可以单击绘制截面以打开【创建草图】对话框，并通过指定放置面和方位来创建中心点。也可以单击点，使用现有点来指定孔的中心。

2）方向：指定孔延伸的方向。

默认的方向为沿 Z 轴，也可以按照以下两种方式设置新的方向。

图 10-69 【孔】对话框

图 10-70 常规孔选项

垂直于面：沿着距离指定点最近平面法向的反向定义孔的方向。

沿矢量：沿指定的法矢量定义孔方向。

3）形状和尺寸：指定孔的形状和尺寸等参数。

形状：指定孔特征的形状，有简单孔、沉头孔、埋头孔和锥孔四个选项。

尺寸：指定各种类型孔的尺寸参数。

深度限制：下拉选项的含义与拉伸相同，此处不再赘述。

4）布尔：指定用于创建孔的布尔操作。

无：创建孔特征的实体表示，而不是将其从工作部件中减去。

求差：从工作部件或其组件的目标体中减去该孔。

2. 创建常规孔实例

以下用实例说明孔的创建方法。所用的基础特征如图 10-71 所示。其中长方体的尺寸为

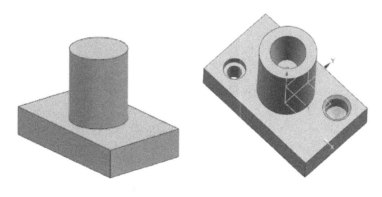

图 10-71 实例

长 100mm，宽 60mm，高 20mm，圆柱体的尺寸是直径 40mm，高 50mm。

1）执行"孔"命令，选择孔的类型为"常规孔"，如图 10-72 所示。

2）确定孔的位置。孔特征的定位方式是以给定点为中心，深度方向垂直于点所在的平面。因此需要给出中心点的位置。

单击"指定点"栏中的"绘制截面"按钮，进入绘制草图环境，绘制点，并给出尺寸约束。过程如图 10-73 所示。单击"完成草图"按钮，回到【孔】对话框。

3）在【孔】对话框中选择孔的形状为"沉头孔"，给出尺寸的直径与深度参数，结果如图 10-74 所示。

4）创建埋头孔。重复以上 2）、3）两个步骤，分别给出埋头孔中心点的位置以及孔的尺寸（直径、深度），创建底板右侧的埋头孔，结果如图 10-75 所示。

图 10-72　选择孔的类型

5）创建锥孔。选择孔的形状，并依次给出锥孔中心点的位置以及尺寸参数，结果如图 10-76 所示。

a) 单击"绘制截面"按钮

b) 选择孔所在的平面

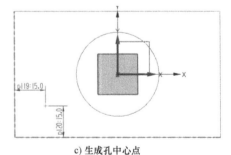
c) 生成孔中心点

图 10-73　确定孔的位置

3. 钻形孔

钻形孔是用钻床加工孔的模型，其孔径只能从一个下拉列表中选择，无法手动输入。图 10-77 所示为选择"钻形孔"类型的对话框。选择钻形孔时，在"大小"下拉列表中选择孔的规格。如果"等尺寸配对"选择"Exact"选项，孔径将与所选孔的规格严格相同，不能修改；如果选择"Custom"选项，则孔径可自定义。

a) 给出沉头孔的参数

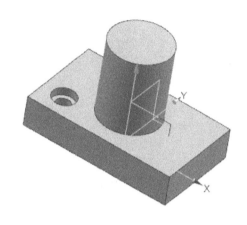

b) 生成沉头孔

图 10-74　创建沉头孔

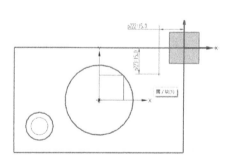

b) 埋头孔中心点的位置

a) 给出埋头孔的参数

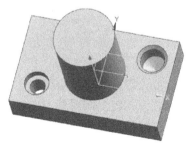

c) 生成埋头孔

图 10-75　创建埋头孔

a) 给出锥孔的参数

b) 生成锥孔

图 10-76　创建锥孔

图 10-77　"钻形孔"类型

4. 螺钉间隙孔

螺钉间隙孔的形状与常规孔相同，但这是一种用于螺钉连接件中的圆柱孔。孔的尺寸总是大于螺钉连接件的公称直径，因此称为"间隙孔"。

螺钉间隙孔的尺寸由要配合的螺钉连接件的规格确定。选择"螺钉间隙孔"类型的对话框如图 10-78 所示。对话框中各选项的含义如下：

形状：在该项参数的下拉列表中有简单孔、沉头孔、埋头孔三种类型。

螺钉类型：在下拉列表中选择连接螺钉的类型。

螺钉尺寸：在下拉列表中选择螺钉连接件的尺寸。

等尺寸配对：包括"Close"（紧）、"Normal"（普通）、"Loose"（松）和"Custom"选项。其中，若选择"Custom"选项，孔的尺寸可以由用户定义；若选择其余三种选项，孔的尺寸是由系统根据螺钉尺寸设定的。

5. 螺纹孔

通过此选项可以创建具有退刀槽的螺纹孔特征。图 10-79 所示为选择"螺纹孔"类型的对话框，该对话框中选项的含义如下：

1）螺纹尺寸：设置螺纹的各参数。

2）大小：设置所需的螺纹的尺寸大小。

3）径向进刀：选择径向进刀百分比。

4）攻丝直径：指定丝锥的直径。只有在"径向进刀"中设置为"定制"时才能编辑攻丝直径。

5）螺纹深度：指定孔特征的螺纹长度。

6）旋向：指定螺纹为右旋（顺时针方向）还是左旋（逆时针方向）。

7）起始倒斜角：控制是否将起始倒斜角添加到孔特征中。

8）终止倒斜角：控制是否将终止倒斜角添加到孔特征中。

9）标准：指定定义选项和参数的标准。

图 10-78 "螺钉间隙孔"类型

图 10-79 "螺纹孔"类型

6. 孔系列

通过此选项可以创建起始、中间和结束孔一致的多形状、多目标体的对齐孔。使用此选项创建孔时，必须指定起始体，可以不指定中间体与结束体，也可以指定多个中间体。选择"孔系列"类型的对话框如图 10-80 所示。

a) "起始"参数

b) "中间"参数

c) "端点"参数

图 10-80 "孔系列"类型

三、垫块

通过此命令可以在一个已有的实体上建立矩形垫块或常规垫块。图 10-81 所示为【垫块】对话框。

图 10-81 【垫块】对话框

垫块有"矩形"和"常规"两种类型。

1) 矩形垫块：定义一个有指定长度、宽度和高度，在拐角处有指定半径，且可具有斜面的垫块，如图 10-82 所示。

矩形垫块的放置面必须是一个平面。如果已有特征中没有平面，则需要建立基准平面以辅助定位。矩形垫块的尺寸参数由对话框定义。

2) 常规垫块：与矩形垫块相比，常规垫块允许用户更加灵活地定义垫块。图 10-83 所示为【常规垫块】对话框。

a) 参数设置

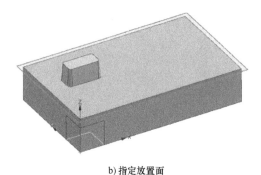

b) 指定放置面

图 10-82 矩形垫块

图 10-83 【常规垫块】对话框

常规垫块有如下特点：其放置面可以是自由曲面；可以通过曲线定义垫块顶部和/或底部的形状；曲线不一定位于选定面上，如果没有位于选定面，它们将按照选定的方法投影到面上；曲线可以是开放的；垫块的顶面也可以是自由曲面。图 10-84 所示为常规垫块的创建过程。

图 10-85 为带圆角的常规垫块。

四、腔体

通过"腔体"命令可以在已存在的实体中建立一个型腔。腔体的功能刚好与垫块相反，

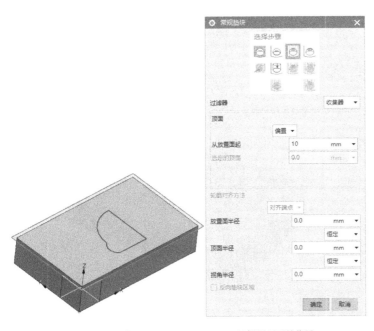

a) 选择底面的轮廓   b) 设置顶面的位置   c) 选择顶面轮廓或指定锥角

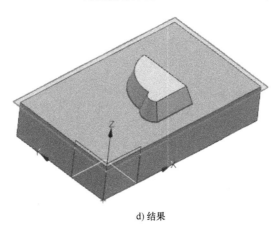

d) 结果

图 10-84 生成常规垫块

垫块是添加材料，而腔体是剔除材料。图 10-86 所示为【腔体】对话框，有"圆柱坐标系""矩形"和"常规"三种类型的腔体可选择。

1. 圆柱

圆柱形腔体将定义一个截面为圆形的腔体，需要指定截面的直径及其深度，同时可以设置底面圆角半径以及锥角。其参数设置如图 10-87 所示。

2. 矩形

矩形腔体的横截面为矩形，可以指定其长度、宽度和深度，拐角处和底面上有没有圆角，侧面是直的还是锥形，其中拐角半径必须大于等于底面半径，如图 10-88 所示。

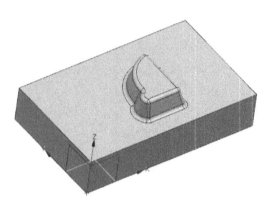

图 10-85　生成带圆角的常规垫块

图 10-86　【腔体】对话框

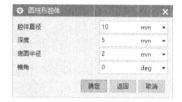

图 10-87　圆柱形腔体的参数

3. 常规

常规腔体可以定义一个比圆柱形和矩形腔体具有更大灵活性的腔体。常规腔体的特性与常规垫块相同。

图 10-89 为圆柱形、矩形及常规腔体的示例。

图 10-88　矩形腔体的参数

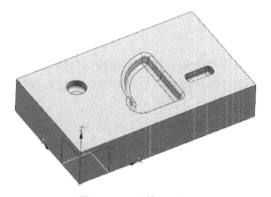

图 10-89　腔体的示例

五、键槽

通过"键槽"命令可以创建各种类型的键槽。在机械设计中，键槽主要用于轴、齿轮等实体上，起到轴向定位及传递扭矩的作用。所有键槽的深度值都沿垂直于放置面的方向测量。图 10-90 为【键槽】对话框。

键槽有"矩形槽""球形端槽""U 形槽""T 形键槽"和"燕尾槽"五种类型。若选择"通槽"复选框，则可以选择两个通过面——起始通过面和终止通过面，槽的长度定义为完全通过这两个面。

键槽特征需要在基准平面上生成，如果已存在的特征没有平面形表面，就需要建立基准平面，以辅助定位。所建立的特征与原有特征自动执行布尔求差计算。

1．矩形键槽

矩形键槽为沿着底边创建有锐边的键槽，以下说明其创建过程。

1）选择放置面。本例中选择已有长方体上表面，如图 10-91 所示。

图 10-90　【键槽】对话框

图 10-91　放置面

2）选择键槽的水平参考。水平参考应为键槽长度所在的方向。本例中选择 X 轴，如图 10-92 所示。

3）给出键槽尺寸。在随后出现的参数对话框中给定尺寸，如图 10-93 所示。

图 10-92　水平参考

图 10-93　矩形键槽尺寸

4）给出键槽定位尺寸。本例中选择"水平"定位尺寸和"竖直"定位尺寸，如图 10-94 所示。结果如图 10-95 所示。

2．球形键槽

创建底部拐角为球形的键槽，其尺寸参数与对应的形状如图 10-96 所示。其中球直径（即刀具直径）等于槽宽，而槽深必须大于球直径。

3．U 形键槽

U 形键槽为直边与底面之间圆角过渡的键槽，其尺寸参数与对应的形状如图 10-97 所示。尺寸参数中的槽深必须大于拐角半径。

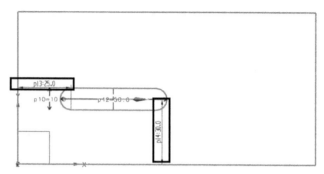

图 10-94　矩形键槽的定位

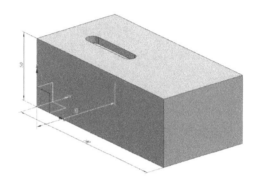

图 10-95　生成键槽

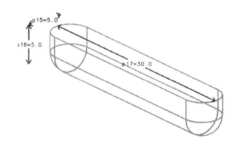

图 10-96　球形键槽

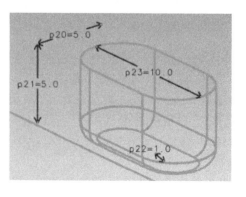

图 10-97　U 形键槽

4. T形键槽

T形键槽为横截面是倒 T 形的键槽，其尺寸参数与对应的形状如图 10-98 所示。

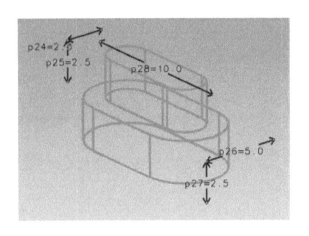

图 10-98　T 形键槽

5. 燕尾槽

燕尾槽的尺寸参数与对应的形状如图 10-99 所示。这类键槽可以有尖角和斜壁。

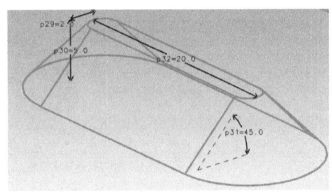

图 10-99　燕尾槽

6. 综合实例

矩形键槽是轴类零件上一种常见的结构，本例将在轴类零件上创建如图 10-100 所示的键槽。

1）创建基准平面。

由于矩形键槽需要在平面上生成，因此需要创建一个新的基准平面放置键槽。如图 10-101 所示，选择"相切"的方式建立新的基准平面，在"子类型"中也选择"相切"。然后单击"参考几何体"中的按钮，分别选择圆柱面与 *YZ* 坐标面为参考面，

图 10-100　轴上的键槽

生成新的基准平面。单击"确定"按钮，进入下一步。

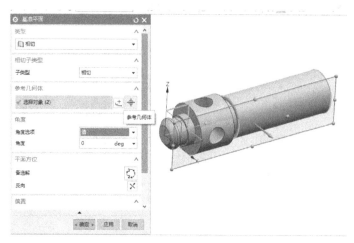

图 10-101　创建基准平面

2）选择键槽深度方向。

选择箭头所指的方向为键槽深度方向，如图 10-102 所示，单击"确定"按钮进入下一步。

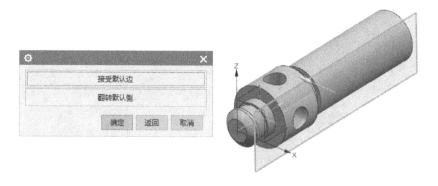

图 10-102　选择键槽深度方向

3）给出键槽尺寸参数。

在随后出现的对话框中给出键槽尺寸参数，如图 10-103 所示。

4）选择水平参考。

矩形键槽的水平参考应为键槽长度方向。本例中选择 Y 轴的方向为水平参考方向，如图 10-104 所示。

5）给出定位尺寸。

在随后出现的【定位】对话框中，选择"水平"定位尺寸，如图 10-105 所示，然后依次选择尺寸的起点、终点。其中，起点选择轴右端面圆弧的"相切点"位置，如图 10-106

图 10-103　键槽尺寸参数

所示，终点选择键槽圆弧的"相切点"位置，如图 10-107 所示。

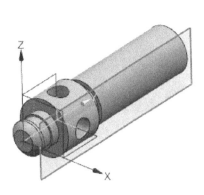

图 10-104 选择水平参考

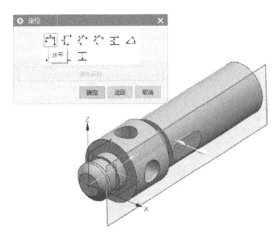

图 10-105 选择定位尺寸的类型

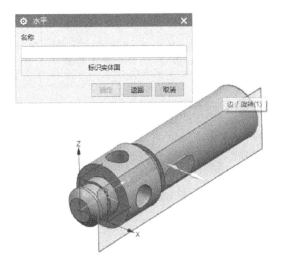

图 10-106 选择定位尺寸的起点

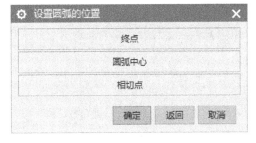

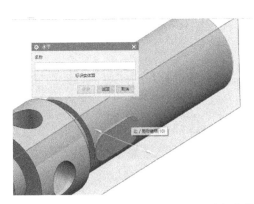

图 10-107 选择定位尺寸的终点

在随后出现的对话框中给出尺寸为 60mm，如图 10-108 所示。最终生成的键槽特征如图 10-109 所示。

图 10-108 给出定位尺寸值

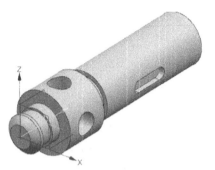

图 10-109 生成键槽特征

六、开槽

通过"开槽"命令可以在圆柱体或锥体上创建一个外沟槽或内沟槽，就好像一个成形刀具在旋转部件上向内（从外部定位面）或向外（从内部定位面）移动，如同车削操作。

如图 10-110 所示为【槽】对话框。

开槽有"矩形槽""球形端槽"和"U 形槽"三种类型。各种类型的开槽形状如图 10-111 所示。

图 10-110 【槽】对话框

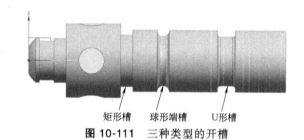

图 10-111 三种类型的开槽

1. 矩形槽

矩形槽为周围保留尖角的开槽，以图 10-112 所示的模型为例说明开槽的创建过程。

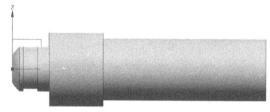

a) 原始模型

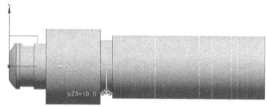

b) 开槽

图 10-112 创建矩形槽

1）选择开槽的类型，如图 10-113 所示。

2）选择被开槽的圆柱面，如图 10-114 所示。

3）给出矩形槽的直径与宽度尺寸，如图 10-115所示。

4）定位开槽。

开槽（槽）的定位和其他的成形特征的定位稍有

图 10-113 选择开槽类型

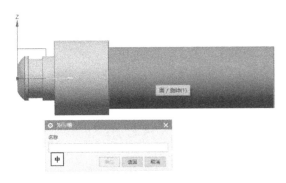

图 10-114 选择开槽面

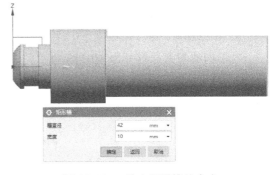

图 10-115 给出矩形槽的大小

不同，只能在一个方向上定位槽，即沿着目标实体的轴定位。

需要选择目标实体的一条边及槽的边或中心线，并给出两条边之间的距离来定位。图 10-116 所示为定位矩形槽的过程。结果如图 10-117 所示。

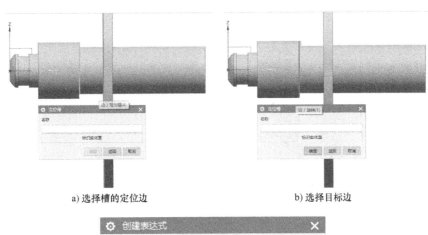

a) 选择槽的定位边   b) 选择目标边

c) 确定两条边的距离

图 10-116 定位矩形槽

图 10-117 生成矩形槽

2. 球形端槽

球形端槽的参数通过如图 10-118 所示的【球形端槽】对话框设置。

3. U 形槽

U 形槽的参数通过如图 10-119 所示的【编辑参数】对话框设置。

图 10-118　【球形端槽】对话框

图 10-119　【编辑参数】对话框

以上三种形式开槽特征的尺寸参数如图 10-120 所示。

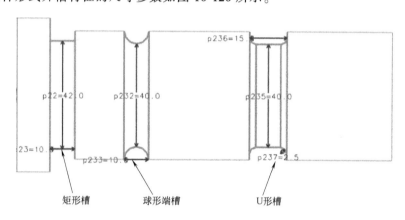

图 10-120　三种形式开槽的尺寸参数

七、螺纹

"螺纹"命令在"特征"→"更多"→"设计特征"选项组中。图 10-121 为【螺纹】对话框。通过"螺纹"命令可以创建两种类型的螺纹："符号"螺纹和"详细"螺纹。

所谓"符号"螺纹就是在已有的表面附着螺纹特征，并不影响其三维显示，而是在生成二维工程图时，按照制图标准的规范生成相应的螺纹视图。

下面举例说明"符号"螺纹的创建过程。首先选择需要添加螺纹的圆柱面，其尺寸应符合相应国标中的螺纹大径尺寸系列，本例中圆柱面的直径为 12mm。然后选择螺纹的形状，本例中选择"GB193"。接着可以选择"完整螺纹"或输入螺纹的长度。其他选项还包括螺纹的旋向（右旋/左旋）以及螺纹特征开始的表面等，可以根据需要进行设定。整个过程如图 10-122 所示。

该模型在二维工程图中的视图如图 10-123 所示。

若根据三维显示的需要，选择"详细"螺纹类型，则可以获得如图 10-124 所示的三维造型的螺纹。

图 10-121 【螺纹】对话框

a) 选择螺纹形状

b) 选择螺纹开始的表面

图 10-122 "符号"螺纹的创建

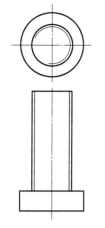

图 10-123 "符号"螺纹的视图

图 10-124 "详细"螺纹

习　题

10-1　回答以下问题：

1）UG NX 中基本造型特征有哪些？

2）拉伸特征的造型步骤包括哪几步？

3）旋转特征的造型步骤包括哪几步？

4）扫掠特征的造型步骤包括哪几步？

5）UG NX 中基准特征包含哪几种？

6）简述基准坐标系的创建方法。

10-2　根据图 10-125～图 10-127 所示图样，绘制三维模型。

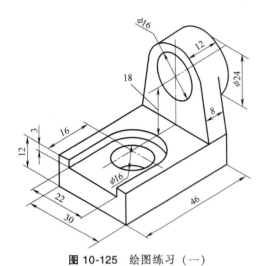

图 10-125 绘图练习（一）

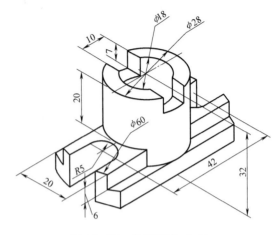

图 10-126 绘图练习（二）

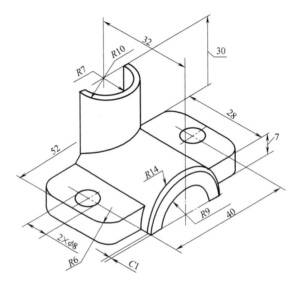

图 10-127 绘图练习（三）

10-3 根据下列零件图（图 10-128~图 10-133），创建三维特征造型。

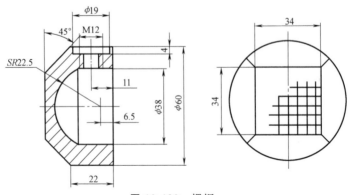

图 10-128 螺帽

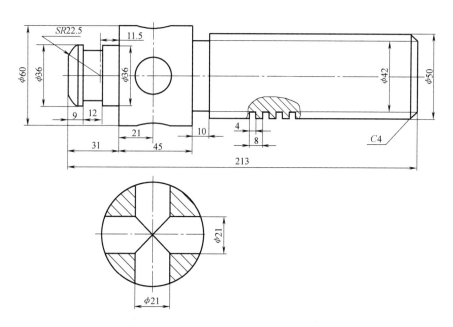

图 10-129 螺杆

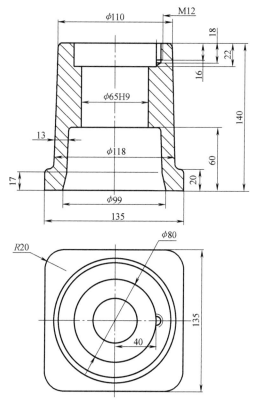

图 10-130 底座

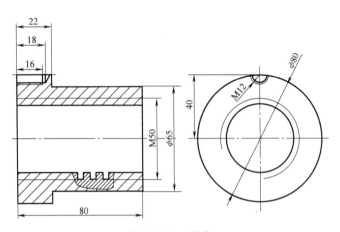

图 10-131　螺套

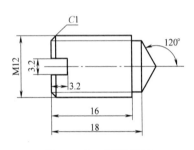

图 10-132　紧定螺钉

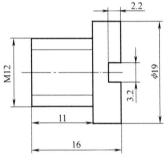

图 10-133　螺钉

第十一章

特征的操作与编辑

在 UG NX 10.0 中，特征操作是基于同步建模技术之上的。该技术在参数化、基于历史记录建模的基础上前进了一大步，使设计人员能够由尺寸或几何驱动直接修改模型，而不必像以前一样必须考虑相关性及约束等情况。参数化的特征允许设计者随时进行修改和编辑。通过对特征进行编辑，可以改变已经生成的特征的形状、大小、位置以及生成顺序，这些操作不仅可以实现特征的重定义，避免了人为误操作产生错误特征，而且可以通过修改特征参数以满足新的设计要求。

本章介绍常用的同步特征操作和编辑的功能，并用实例说明其使用方法。

第一节 特征的操作

特征的操作是对已建立好的模型进一步完善与细化。执行特征操作命令可以单击"主页"选项卡"特征"功能区的相应按钮，或者选择"菜单"→"插入"→"细节特征"中的命令，如图 11-1 所示。

a)"特征"功能区的按钮   b)菜单中的命令

图 11-1 特征操作命令

特征操作包括对于特征的边、面及体素的操作。边操作主要是指对实体边进行细化，包括"边倒圆""面倒圆""样式倒圆"和"倒斜角"等；面操作包含的命令主要有"缝合""偏置面"和"补片"等，通常要用到片体，一般是片体与片体之间的交互，或者片体与实体之间的交互；体操作主要是对现有实体进行操作，如"拔模""抽壳""裁剪体""分割体"和"拆分体"等。本节将介绍常用的特征操作命令。

一、边倒圆

圆角是零件常见的结构特征，一方面可以使零件外形美观，另一方面也可优化零件的力学性能。UG NX 10.0 可以创建简单圆角、可变半径圆角和曲线圆角等不同形式的圆角特征，如图 11-2 所示。一般在设计造型的最后添加圆角特征。

a) 简单圆角　　　　　　　b) 可变半径圆角　　　　　c) 拐角突然停止的圆角

图 11-2　各种形式的圆角

UG NX 提供了"边倒圆"命令用来实现对面之间的锐边进行倒圆，半径可以是常数也可以是变量。圆角的形状可以是圆形，也可以是"二次曲线"。

1. 简单圆角的创建过程

1）执行"边倒圆"命令。单击绘图区上方的"边倒圆"按钮 。弹出【边倒圆】对话框，如图 11-3 所示。

2）确认混合面连续性，选择需要倒圆的边可以选择一条或多条相连或者不相连的边。

3）选择圆角的形状并给出相应的尺寸参数，如图 11-4 所示。

图 11-3　【边倒圆】对话框

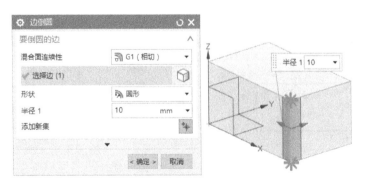

图 11-4　选择倒圆角的边并给出尺寸参数

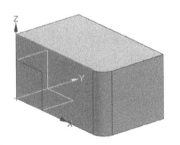

图 11-5　生成圆角

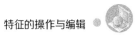

4）生成圆角特征，如图 11-5 所示。

2. 对话框中的其他选项说明

在【边倒圆】的扩展对话框中，如图 11-6 所示，除了倒圆中常用到的选项及参数，还有其他选项。

有关选项的说明如下：

（1）"混合面连续性"其下拉列表中包括"曲率"和"相切"两个选项，其参数如图 11-7 所示。

（2）圆角形状其他选项　在"形状"下拉列表中有两个选项："圆形"与"二次曲线"。"圆形"就是常见的倒圆。建立二次曲线时可以有三种方式："边界和中心""边界和 Rho"和"中心和 Rho"，其参数含义如图 11-8 所示。

图 11-6　【边倒圆】的扩展对话框

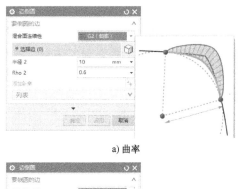

a）曲率

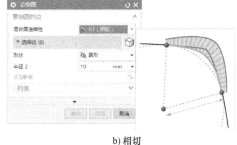

b）相切

图 11-7　"混合面连续性"下拉列表中的选项及参数

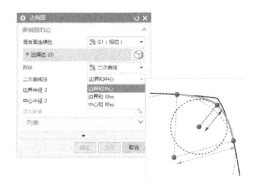

a）边界和中心

b）中心和 Rho

图 11-8　"二次曲线"倒圆的参数

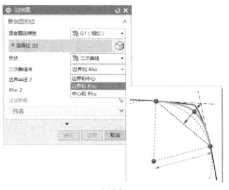

c) 边界和Rho

图 11-8 "二次曲线"倒圆的参数（续）

（3）添加新集 在"要倒圆的边"选项组的最下方有"添加新集"按钮。单击此按钮，就可以建立一个新的集合。该集合中可以有多条边，且所有边有同一个圆角半径值。在实际设计中，可以为所有圆角半径相等的边建立一个集合。可以建立多个集合。图 11-9 所

a) 参数设置

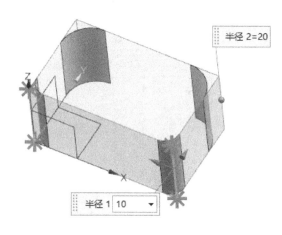

b) 绘图区显示

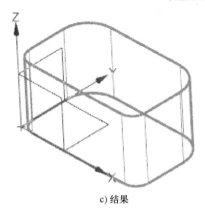

c) 结果

图 11-9 添加边集合

示为建立了两个边集，一个集合的圆角半径为10mm，另一个为20mm。

　　修改集合中一条边的圆角半径，则所有这个集合中的圆角半径都将发生变化。选中某个集合，并单击"列表"栏右侧的"删除"按钮，可以将集合删除。

　　（4）"可变半径点"选项组　可以通过向边倒圆添加半径值不同的点来创建可变半径圆角，如图11-10所示。

　　（5）"拐角倒角"选项组　该选项组的参数用于对在三条边相交的拐角处进行倒角处理。选择三条边后，单击"选择端点"按钮，选择三条边的交点，即可进行拐角倒角处理，

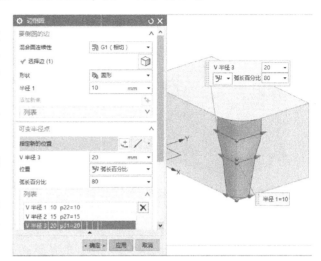

图11-10　可变半径圆角

如图11-11所示。可以改变三个位置的参数值来改变倒角的形状。

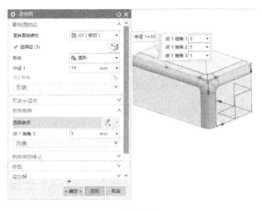

a) 设置参数

b) 处理后效果

图11-11　"拐角倒角"的创建

　　（6）"拐角突然停止"选项组　可以改变三个位置的参数值来改变拐角的形状，使某点处的边倒圆在边的中部突然停止，如图11-12所示。

　　（7）修剪　将边倒圆修剪成选定的面或平面，而不是依赖通常使用的默认修剪面。

　　（8）溢出解　当圆角的相切边缘与该实体上的其他边缘相交时，就会发生圆角溢出。选择不同的"溢出解"，得到的效果会不一样，可以尝试组合使用这些选项来获得不同的效果。图11-13所示为"溢出解"选项组。

　　1）允许的溢出解：当一倒圆边缘遇到实体上另一边缘时，会出现倒圆溢出。可以使用"在光顺边上滚动""在边上滚动""保持圆角并移动锐边"选项设置处理倒圆溢出。

　　"在光顺边上滚动"选项的功能是允许圆角延伸到其遇到的光顺连接（相切）面上。选择该复选框时，会在圆角相交处生成光顺的共享边，如图11-14所示；若不选择，则系统显

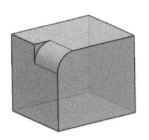

图 11-12 拐角突然停止的圆角

图 11-13 "溢出解"选项组

示警报信息，不能生成圆角。

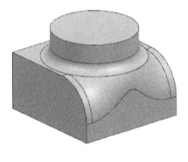

a) 选择该选项   b) 不选择该选项

图 11-14 "在光顺边上滚动"选项功能

"保持圆角并移动锐边"选项的功能是允许圆角保持与定义面的相切，并将任何遇到的面移动到圆角面。图 11-15 所示为该选项的作用。图 11-15a 所示为倒圆之前的特征；图 11-15b 所示为选择该复选框时生成的边倒圆，保持了圆角相切；若不选择该复选框，系统将出现警报信息，如图 11-15c 所示。

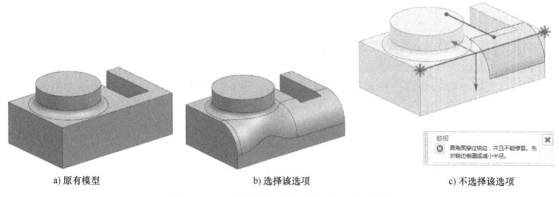

a) 原有模型   b) 选择该选项   c) 不选择该选项

图 11-15 "保持圆角并移动锐边"选项功能

2）显示溢出解：替代默认溢出解，以对所选边强制选择或防止选择"在边上滚动（光顺或尖锐)"溢出选项。

(9)设置 "设置"选项组对话框如图11-16所示。其主要选项有:

1)解析:该选项可以指定如何解决重叠的圆角。

2)圆角顺序:分为"凸面优先"与"凹面优先"两个选项。

3)在凸/凹处Y向特殊倒圆:选中该复选框,允许对某些情况选择两种Y形圆角之一。当相对凸面的邻近边上的两个圆角相交三次以上时,边缘顶点的圆角的默认外形将从一个圆角滚动到另一个圆角上,Y形顶点圆角提供在顶点处可选的圆角形状。

4)移除自相交:如果在一个圆角特征内部产生自相交,该选项允许自动利用多边形曲面来替换自相交曲面,增加圆角特征创建的成功率。

图 11-16 "设置"选项组

二、边倒角

通过"边倒角"命令可以在实体上创建简单的斜边。倒斜角有三种类型:对称、非对称以及偏置和角度。其中,"对称"倒角为工程中常用的一种倒角,即45°倒角,只需给出距离即可;"非对称"是指沿着所选边的两个方向上倒角的距离不同,需要指定两个距离;而"偏置和角度"是用偏置距离与角度构建倒角的方法。图11-17所示为三种类型倒角的参数设置。

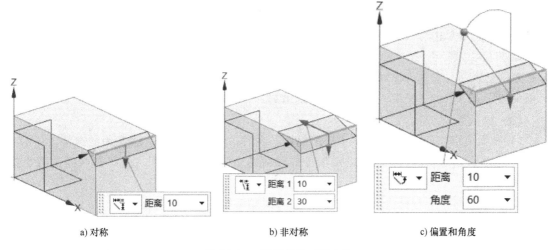

a)对称　　　　　　　b)非对称　　　　　　　c)偏置和角度

图 11-17 倒斜角的三种方法

三、面倒圆

单击"面倒圆"按钮可以创建与两组输入面集相切的复杂圆角面。图11-18所示为通过"面倒圆"操作生成的新旧模型对比。

图11-19所示为【面倒圆】对话框,该对话框中各选项的含义如下:

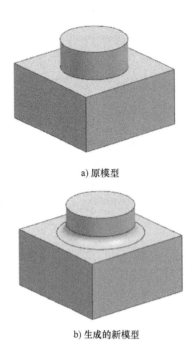

a) 原模型

b) 生成的新模型

图 11-18 "面倒圆"操作

图 11-19 【面倒圆】对话框

（1）类型　两个定义面链为由两组面链定义的面倒圆；三个定义面链为由三组面链定义的面倒圆。

（2）面链　面链可以是一张面，也可以是多张面。选择后，面的法向应指向圆角中心。可以双击箭头或单击"反向"按钮更改面的法向。只有参数满足创建要求时才能预览圆角。

如图 11-20 所示，要生成图 11-18 中的"面倒圆"特征，面链 1 为圆柱外表面，面链 2 为长方体上表面，需使两个面链的方向如图所示，才可以创建合适的圆角。可以通过单击对话框中相应面下方的"反向"按钮改变面的方向。

（3）横截面

1）截面方向：有"滚球"和"扫掠截面"两种。其中"滚球"为常用的选项。

①滚球：创建面倒圆，用一恒定半径的球对两个选定的面倒圆。倒圆横截面由两个接触点和球心定义。

②扫掠截面：沿着脊线扫掠横截面，倒圆横截面始终垂直于脊线。

2）形状：如图 11-21 所示，有"圆形""对称相切""非对称相切""对称曲率""非对称曲率"五种横截面形状。

其中圆形是最常用的一种形状。这种形状相当于一个球沿着两面集交线滚过所形成的样子。其半径参数控制方法有"恒定""规律控制"和"相切约束"三种。"恒定"表示圆角半径是常数，是最常用的选项；"规律控制"表示能根据规律函数定义沿脊线的两个或多个点处的可变半径；"相切约束"表示通过指定位于其中一个定义面链中的曲线/边来控制倒圆半径，其中倒圆必须与选定曲线/边保持相切。

用其他的形状倒出来的圆角相对来说形状比较复杂，可控参数也比较多。

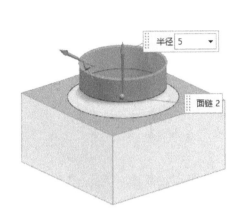

图 11-20　选择合适的方向

图 11-21　"形状"下拉列表框

（4）约束和限制几何体　图 11-22 所示为"约束和限制几何体"选项组中的参数。

1）选择重合曲线：如果是在边和平面之间而不是两个面之间倒圆，可以选择此复选框。如图 11-23 所示，圆角半径大于台阶的高度，就需要利用"选择重合曲线"倒圆。

图 11-22　"约束和限制几何体"选项组

2）选择限制相切曲线：假设要创建一个面倒圆，沿着曲线（在其中一个面上）且同时与两个面相切，这时就要用到"选择限制相切曲线"选项。

a)【面倒圆】对话框

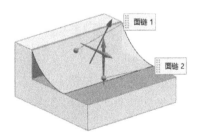

b）选择边与平面

c）生成倒圆

图 11-23　选择重合曲线

四、拔模

为了便于将零件从模具或冲模中拉出，一般会对模型、部件、模具或冲模的"竖直"面设置斜度，称为拔模斜度。UG NX 10.0 中有两个命令可以实现对现有表面进行增加拔模斜度的操作："拔模"和"拔模体"。

其中常用的是"拔模"命令。此命令的作用是对一个部件上的一组或多组面从指定的固定对象开始设置斜度。

1. 拔模操作的四种方法

单击"主页"选项卡"特征"功能区的"拔模"命令按钮 ，或者选择"菜单"→"插入"→"细节特征"→"拔模"命令。

图 11-24 所示为【拔模】对话框。"类型"有"从平面或曲面""从边""与多个面相切"和"至分型边"四种。

1）从平面或曲面：指从固定平面或曲面开始，与拔模方向成一定的拔模角度，对指定的实体进行拔模操作。

2）从边：从一系列实体的边缘开始，与拔模方向成一定的拔模角度，对指定的实体进行拔模操作。

3）与多个面相切：如果需要在拔模操作后保持拔模面与邻近面相切，则可选择此类型。此处，固定边缘未被固定而是移动的，以保持选定面之间的相切约束。选择相切面时一定要将拔模面和相切面一起选中，这样才能创建拔模特征。

4）至分型边：主要用于分型线在一平面内，对分型线的单边进行拔模。

2. 拔模操作的一般步骤

以常用的"从平面或曲面"类型为例，说明"拔模"操作的一般步骤。

对图 11-25 所示的带圆角的长方体四个壁面进行拔模操作，以顶面为基准，拔模斜度为5°。

图 11-24 【拔模】对话框（一）

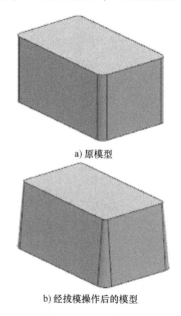

a) 原模型

b) 经拔模操作后的模型

图 11-25 实例

（1）选择"类型" 如图 11-26 所示，选择"类型"为"从平面或曲面"。

（2）选择"脱模方向" 通过"指定矢量"方法选择脱模的方向，默认的脱模方向为 Z 轴正向。本例中用默认的矢量即可。

（3）选择"拔模参考" "拔模参考"可以有三种类型："固定面""分型面"及"固定面与分型面"。本例中选择"固定面"为参考，并选择零件的上表面为"固定面"，如图 11-27 所示。

图 11-26 【拔模】对话框（二）

图 11-27 选择"固定面"为"拔模参考"

说明："拔模参考"中若选择"分型面"，如图 11-28 所示，则应提前创建一个新的平面作为分型面以供选择，并可以设置是否"两侧拔模"以及沿分型面两侧相同或不同的拔模角度。

（4）选择要拔模的面并设置拔模斜度 选择长方体的竖面为要拔模的面，设置拔模斜度为 5°，如图 11-29 所示，完成拔模操作。

图 11-28 选择"分型面"为"拔模参考"

图 11-29 选择要拔模的面

五、抽壳

抽壳是将实体的一个或多个面移除，然后掏空实体的内部，留下一定壁厚的壳特征。创建的壳体一般厚度均等，也可以对不同曲面指定不同的厚度，如图 11-30 所示。

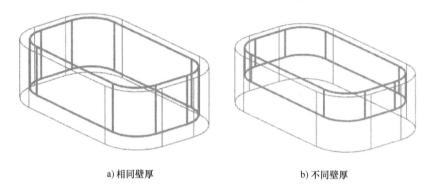

a) 相同壁厚   b) 不同壁厚

图 11-30 相同壁厚与不同壁厚的抽壳特征

以下用实例说明"抽壳"命令的执行过程。

（1）执行命令　单击"主页"选项卡"特征"功能区的"抽壳"命令按钮 🔲 ，或者选择"菜单"→"插入"→"细节特征"→"抽壳"命令。系统弹出【抽壳】对话框，如图 11-31 所示。

图 11-31 【抽壳】对话框

（2）选择"类型"　选择"类型"为"移除面，然后抽壳"。

（3）选择"要穿透的面"　图 11-32 所示为一个实心长方体，选择上表面为"要穿透的面"，则这个表面将在抽壳后移除。

（4）设置壁厚　输入"厚度"为 5mm，注意箭头方向（从原来的实体指向里或指向外）。单击"确定"按钮，结果如图 11-33 所示。

说明：如果指定不同厚度的面，可以在"备选厚度"选项组中选择面，并单独给出其厚度，如图 11-34 所示。如在本例中选择底面为不同厚度的面，并给出"厚度"为 15mm，则生成的抽壳特征如图 11-30b 所示。

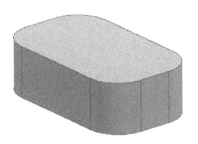

图 11-32　要进行抽壳操作的实心体

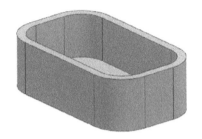

图 11-33　生成抽壳特征

图 11-34　不同壁厚的抽壳特征设置

第二节　特征的关联复制

一、阵列

阵列是将一个特征按照规律排列生成多个副本的操作。与草图中的"阵列曲线"类似，阵列特征可选择线性、圆形、多边形等多种阵列布局。

单击"主页"选项卡的"特征"功能区的"阵列特征"按钮，或者选择"菜单"→"插入"→"关联复制"→"阵列特征"命令，打开【阵列特征】对话框，如图 11-35 所示。

1. 创建阵列的步骤

创建阵列的主要步骤如下：执行"阵列"命令→选择阵列对象→选择阵列方式→给定阵列方向与间距参数→给定阵列数量参数→完成。下面以实例说明其步骤。

（1）执行"阵列"命令　单击"主页"选项卡的"特征"功能区的"阵列特征"按钮。

（2）选择阵列对象　选择如图 11-36 所示模型中的孔特征为阵列对象。

（3）指定参考点　系统将根据选择对象给定默认的参考点。如孔特征的默认参考点即为孔的圆心点。也可以根据需要指定新的参考点。本例选择默认的参考点。

图 11-35　【阵列特征】对话框

（4）定义阵列　系统提供了多种布局类型，应首先选择布局类型，然后根据布局类型给出相应的参数。本例选择"线性"，可以仅指定沿一个方向阵列，也可以同时指定两个方向。参数设置如图 11-37a 所示：指定方向为 Y 轴正向（如图 11-37b 所示），"数量"参数为 5，"节距"（即相邻两孔之间的距离）为 35mm，生成的模型如图 11-37c 所示。

图 11-36　选择阵列对象

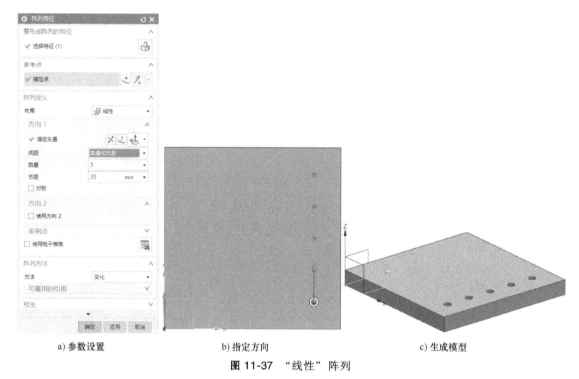

a) 参数设置　　　　　　　b) 指定方向　　　　　　　c) 生成模型

图 11-37　"线性"阵列

若参数设置为指定两个方向（Y 轴正向与 X 轴负向），并分别指定"数量"与"节距"，生成的模型如图 11-38 所示。

2.【阵列特征】对话框中其他选项说明

（1）要形成阵列的特征　可选择实体特征，也可选择整个实体，还可选择基准特征作为阵列对象。

（2）参考点　一般由系统自动选择特征的几何中心，无须用户设置。不同的参考点对阵列效果没有影响，只对阵列参数的测量基准有影响。

（3）阵列布局类型　"阵列定义"选项组的"布局"下拉列表中包括多种阵列布局类型，如图 11-39 所示。

1）线性：线性阵列可以沿两个线性方向生成多个特征，其中"方向 2"是可选的方向。定义线性阵列需要选择线性对象作为方向参考，如坐标轴、草图直线、边线等。

2）圆形：圆形阵列沿指定的旋转轴在圆周上生成多个特征，定义圆形阵列需要定义旋转轴方向和轴的通过点。如图 11-40 所示，选择圆柱中心轴沿 Z 轴正向为旋转轴方向，圆柱上底面圆心为轴的通过点，生成的圆形阵列如图 11-40d 所示。

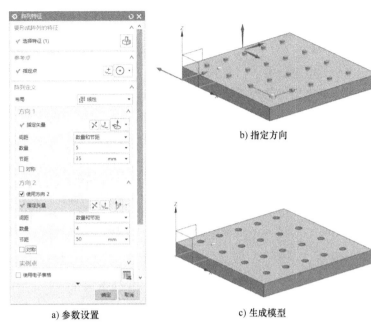

b) 指定方向

c) 生成模型

a) 参数设置

图 11-38 两个方向的"线性"阵列

图 11-39 "布局"
下拉列表框

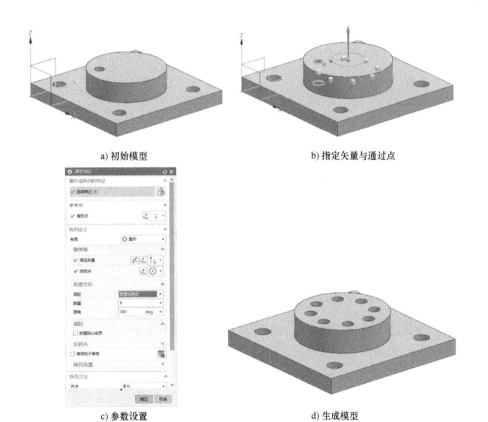

a) 初始模型

b) 指定矢量与通过点

c) 参数设置

d) 生成模型

图 11-40 圆形阵列

3）多边形：选择多边形阵列的参数如图 11-41 所示，多边形阵列沿定义的多边形生成多个特征，定义多边形阵列也需要定义旋转轴方向和通过点。

4）螺旋式：螺旋式阵列是以所选实例为中心，向四周沿平面螺旋路径生成多个特征。定义一个螺旋式阵列需要指定螺旋所在的平面法向，然后设置螺旋的参数，螺旋的密度由"径向节距"定义，特征间的距离由"螺旋向节距"定义，螺旋的旋转方向由"方向"下拉列表中的"左手"或"右手"和"参考矢量"确定。阵列的范围由"螺旋式大小定义依据"下拉列表中的"圈数"或"总角"定义。图 11-42 所示为生成螺旋式阵列的过程。

图 11-41　多边形阵列的参数

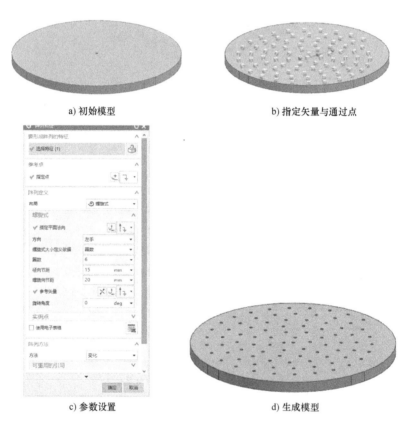

a) 初始模型　　　　　　　　　　b) 指定矢量与通过点

c) 参数设置　　　　　　　　　　d) 生成模型

图 11-42　螺旋式阵列

5）沿：此方式用于沿选定的曲线或草图曲线生成多个特征。

6）常规：此方式用于在平面上任意指定点创建阵列。先选择阵列的出发点（基准点），然后选择阵列的平面，单击进入草图模式，绘制草图点之后退出草图，草图点位置将作为阵列特征点。

7）参考：此方式以模型中已创建的阵列作为参考创建特征的阵列，阵列的布局与参考阵列相同。除了要选择一个参考阵列，还需要选择参考阵列中的一个特征点作为特征所处的位置参考。

二、镜像

1. 创建镜像特征的方法

这里的镜像特征不同于前面讲述的复制镜像，它可以迅速而简捷地将模型中所有的几何特征全部镜像。

创建镜像特征的步骤一般如下：执行"镜像特征"命令→选择镜像对象→选择镜像平面→完成。

2. 实例

1）执行"镜像特征"命令，如图 11-43 所示。

2）在"部件导航器"中选择需要镜像的特征，如图 11-44 所示。

3）选择镜像平面，如图

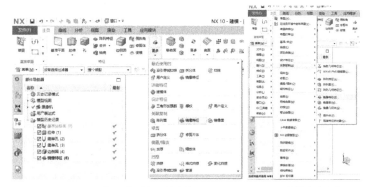

a)"特征"功能区的命令　　　　b) 菜单中的命令

图 11-43　执行"镜像特征"命令

11-45 所示。完成特征镜像操作的结果如图 11-46 所示。

图 11-44　选择特征

图 11-45　选择镜像平面

4）如果有必要，可以利用"合并"按钮，将两个特征（原特征与镜像特征）合并为一个特征，如图 11-47 所示。

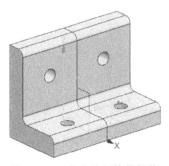

图 11-46　完成特征镜像操作

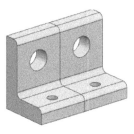

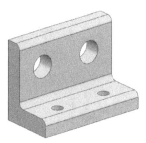

a) 原有特征　　　　b) 合并后的特征

图 11-47　"合并"特征操作

第三节　特征的编辑

初步建立起来的实体模型不一定符合要求，有时还需要进一步的调整和编辑。UG NX 10.0提供的"编辑特征"命令就是在完成特征的创建后，对参数进行修改的操作。

"编辑特征"命令可以对特征的尺寸、位置和先后次序等参数进行重新编辑，在一般情况下，保留与别的特征建立起来的关联性质。它包括编辑参数、编辑位置、移动特征、特征重排序、替换特征、抑制特征、取消抑制特征、移除参数，以及特征回放等。

UG NX 10.0中，有多种方法进行特征编辑操作：

1）单击选项卡"主页"→"编辑特征"中的相应选项，如图11-48a所示。

2）选择"菜单"→"编辑"→"特征"下的各选项，如图11-48b所示。

3）在"部件导航器"中选择需要编辑的对象，然后单击鼠标右键，在弹出的快捷菜单及其上方的快捷按钮中有大部分编辑操作命令，如图11-48c所示。

4）在绘图区中选择需要编辑的对象，然后单击鼠标右键，在弹出的快捷菜单及其上方的快捷按钮中有常用的编辑操作命令，如图11-48d所示。

a)"编辑特征"下拉列表框

b)"编辑"菜单

c)部件导航器

d)快捷菜单

图11-48　执行"编辑特征"命令

一、编辑特征参数

通过"编辑特征参数"命令可以重新定义任何参数化特征的参数值，并使模型根据所做的修改重新生成。另外，还可以改变特征放置面和特征的类型。通过编辑特征参数可以随时对实体特征进行更新，而不用重新创建实体，可以提高工作效率和建模的准确性。

编辑特征参数的方法如下：

单击选项卡"主页"→"编辑特征"→"编辑特征参数"，或者选择"菜单"→"编辑"→"特征"→"编辑参数"选项，打开【编辑参数】对话框，如图 11-49 所示，其中包含了当前活动模型的所有特征。选取要编辑的特征，打开【特征参数】对话框，在对话框中重新定义特征的参数，即可重新生成该特征。

也可以直接在"部件导航器"的图形区域选择要编辑的特征，在弹出的快捷菜单中选择"编辑参数"。根据所选择的特征的不同，对话框上显示的选项可能会发生改变。

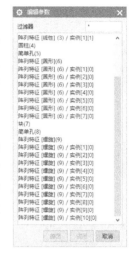

图 11-49　【编辑参数】
对话框

二、编辑位置

"编辑位置"命令只能应用于垫块、凸台、键槽、腔体等特征。该命令可以通过编辑定位尺寸值来移动特征，也可以为创建特征时没有指定定位尺寸或定位尺寸不全的特征添加定位尺寸，此外，还可以直接删除定位尺寸。

在"部件导航器"中选择要修改位置的特征，单击右键打开快捷菜单并选择"编辑位置"命令，打开【编辑位置】对话框，如图 11-50 所示。该对话框中列出了三种位置编辑方式，如图 11-51 所示。

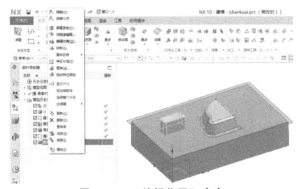

图 11-50　"编辑位置"命令

图 11-51　【编辑位置】对话框

1. 添加尺寸

该方式可在所选择的特征和相关实体之间添加定位尺寸，主要用于没有定位的特征和定位尺寸不全的特征。选择该选项，系统将弹出【定位】对话框，如图 11-52 所示。用户可以根据需要选择尺寸类型，添加相应的定位尺寸。

2. 编辑尺寸值

该方式主要用来修改现有的尺寸参数。选择该选项，打开【编辑表达式】对话框，如

图 11-53 所示。在绘图区中将显示特征参数值，选取需要修改的尺寸并输入新的数值，即可完成尺寸编辑操作。

图 11-52 【定位】对话框

图 11-53 【编辑表达式】对话框

3. 删除尺寸

选择"删除尺寸"选项，打开【移动定位】对话框，在绘图区选取定位尺寸值并单击"确定"按钮，即可删除选取的尺寸。

三、特征的抑制与取消

通过"抑制特征"命令可以抑制选取的特征，即暂时在图形窗口中不显示该特征，而且与该特征存在关联性的其他特征将会被一同去除。这一操作的好处在于：

1) 减小模型的复杂度，使之更容易操作，尤其当模型相当复杂时，减少了创建、对象选择、编辑和显示时间。

2) 在进行有限元分析前抑制一些次要特征，可以简化模型，被抑制的特征不进行网格划分，可加快分析的速度，而且对分析结果的影响不大。

3) 在建立特征定位尺寸时，有时会与某些几何对象产生冲突，这时可利用特征抑制操作。如要利用已经建立倒圆的实体边缘线来定位一个特征，就不必删除倒圆特征，只用对倒圆特征进行抑制，新特征建立以后再取消抑制被隐藏的倒圆特征即可。

说明：

1) 如果编辑时"延迟模型更新"处于激活状态，则"抑制特征"不可用。

2) 实际上，抑制的特征依然存在于数据库里，只是将其从模型中删除了。因为特征依然存在，所以可用"取消抑制特征"调用它们。

3) 设计中，最好不要在抑制特征的位置创建新特征。

4) 抑制特征与隐藏特征是有区别的：任意隐藏一个特征，与之相关的特征不受影响；而抑制某一特征，与该特征存在关联性的其他特征将被一起隐藏。

四、特征重排序

通过"特征重排序"命令可以调整特征的建立顺序，使其提前或延后。执行"特征重排序"命令最便捷的方法是在"部件导航器"中选中特征以后，用鼠标直接上下拖动。

通常，在建立特征时，系统会根据特征的建立时间依次排序，即在特征名称后的括号内显示其建立顺序号，也称为特征建立的时间标记，这在"部件导航器"中有明确表示。一旦特征的建立顺序改变了，其相应的建立时间标记也随之改变。

需要注意的是，改变特征的建立顺序可能会改变模型的形状，甚至可能出错，因此，应当谨慎使用。

习 题

11-1 特征操作包括哪几种？具体包括哪些常用的命令？

11-2 简述特征编辑命令的作用及常用的特征编辑命令。

11-3 简述创建阵列特征的步骤。

11-4 列举拔模的四种方式。

11-5 简述创建镜像特征的步骤。

11-6 根据图 11-54 和图 11-55 所示的图样，建立三维模型。

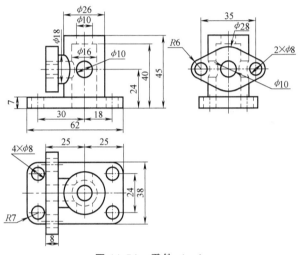

图 11-54 零件（一）

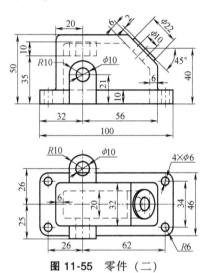

图 11-55 零件（二）

第十二章

装配体设计

　　装配是制造的最后环节，数字化预装配可以尽早地发现问题，如干涉与间隙等。整个装配环节本质上是将产品零件进行组织、定位和约束，从而形成产品的总体结构和装配图。

　　使用 UG NX 10.0 可以完成机械部件的装配工作，并且系统支持大型、复杂部件的创建和管理，UG NX 10.0 采用统一数据库，变更部件的尺寸会立即反映到装配体和装配图中。

　　本章将介绍 UG NX 10.0 中机械装配体设计的相关知识。

第一节　装配体设计概述

　　装配模块是 UG NX 集成环境中的一个应用模块，它可以将产品中的各个零件模块快速组合起来，从而形成产品的总体结构。装配过程其实就是在装配中建立部件之间的连接关系，即通过关联条件在部件间建立约束关系，以确定部件在产品中的位置。

1. 装配体的主要特点

　　1）装配是连接几何体而不是复制几何体，多个不同的装配可以共同使用多个相同的部件，因此所需内存少，装配文件小。

　　2）既可以使用"自底向上"的方法，又可以使用"自顶向下"的方法创建装配。

　　3）可以同时打开和编辑多个部件。

　　4）可简化装配的图形表示而无须编辑底层几何体。

　　5）装配将自动更新以反映引用部件的最新版本。

　　6）通过装配约束可以指定组件间的约束关系，以在装配中进行定位。

　　7）"装配导航器"提供装配结构的图形显示，可以选择和操控组件以用于其他功能。

　　8）可将装配用于其他应用模块，尤其是制图和加工。

2. 装配体设计思路

　　根据装配体与零件之间的引用关系，可以有两种创建装配的方法，即自底向上装配（DOWN-TOP）和自顶向下装配（TOP-DOWN）。

　　自底向上：从元件级开始分析产品，然后向上设计到主组件，即从零件设计到装配体组装的过程。成功的"自底向上"设计要求对主组件有基本的了解，这是因为基于"自底向上"的设计不能完全体现设计意图。尽管其结果可能与"自顶向下"相同，但加大了设计冲突和错误的风险，从而导致设计不灵活。但由于其在设计相似产品或不需要在其生命周期中频繁修改产品时的适用性，目前，"自底向上"的设计方法仍然是设计界最广泛应用的方法。本书将重点介绍这种装配方法。

自顶向下：对已完成的产品进行分析，分出模块，分别向下设计，即从装配体到零件设计的过程。首先用户将产品的主框架作为主组件，并将产品分解为组件和子组件，然后标识主组件中各元件及其关键特征，了解组件内部及组件之间的关系，并评估产品的装配方式。掌握了这些信息，就能规划设计并在模型中体现总体设计意图。"自顶向下"的设计方法主要用于需要频繁修改的产品。

无论使用哪种设计方法，都是为了正确捕捉设计意图，以提供某种程度的灵活性。模型的灵活度越大，则在产品生命周期中更改设计时出现的问题越少。在实际设计中，往往是两种设计方式共同存在。

3. 装配设计术语

为了便于学习后续内容，下面介绍几种有关的装配术语。

1）组件：按特定位置和方向使用在装配中的部件。组件可以是由其他较低级别的组件组成的子装配。

2）装配体：在 UG NX 中，装配体是一个包含组件对象的部件文件。

3）子装配体：子装配是一个相对的概念，任何一个装配部件都可在更高级装配中用作子装配。

4）显示部件：当前显示在图形窗口中的部件。

5）工作部件：可以在装配模式下编辑的部件。在装配模式下，一般不能对组件进行直接修改，若要修改须将部件设为工作部件。部件被编辑后，所做的修改会反映到所有引用该部件的装配体中。

6）关联设计：按照组件几何体在装配中的显示对它直接进行编辑的功能。可选择其他组件中的几何体来帮助建模。

4. 装配环境简介

UG NX 10.0 中的装配是在装配应用模块中进行的。启动 UG NX 10.0 之后，进入软件的初始界面，单击"主页"选项卡中的"新建"按钮，弹出【新建】对话框，选择"模型"选项卡中的"装配"模板，如图 12-1 所示。单击"确定"按钮，弹出【添加组件】对话框。直接单击"确定"按钮即可进入装配工作环境。装配的部件可以通过后续的装配命令添加；也可以在该对话框中单击"打开"按钮，通过对话框选择需要装配的部件文件；另外如果目前 UG NX 10.0 系统中同时打开了其他零部件模型，这些文件将显示在【添加组件】对话框的"已加载的部件"列表框中，如图 12-2 所示，用户可以根据需要直接选择。

图 12-3 所示为 UG NX 10.0 的装配模块的工作界面，适用于产品的模拟装配。在"装配"选项卡中集成了装配过程中常用到的各种命令，包括"添加""新建""爆炸图"等。选项卡中的命令也可以通过"菜单"中相应的选项执行，如图 12-4 所示。在绘图区左侧有"装配导航器""约束导航器"等工具，这是装配环境下的重要工具。它是一个可视的装配操作环境，其中将装配结构（约束）用树形结构表示出来，显示了装配结构（约束）及节点信息。

图 12-5 所示为打开已有装配体的界面。绘图区左侧有打开的"装配导航器"，显示了各组件及约束类型。

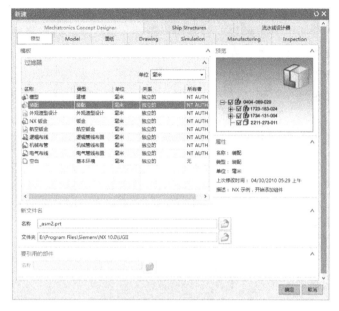

图 12-1 选择建模的类型

图 12-2 【添加组件】对话框

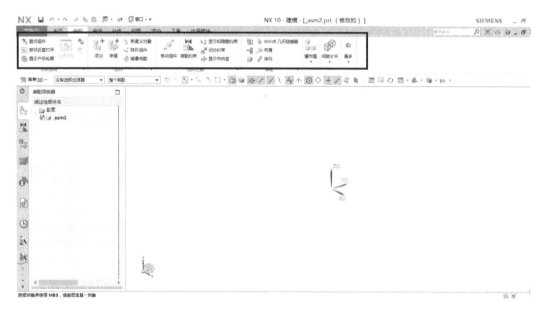

图 12-3 新建装配体的工作界面

5. 装配导航器

"装配导航器"以图形的方式显示部件的装配结构,并提供了在装配中操控组件的快捷方法。单击界面最左侧资源条中的"装配导航器"按钮,打开"装配导航器",如图 12-6 所示。

在"装配导航器"中列出了装配体各部件,部件前的复选框勾选与否可控制该部件的显示或隐藏。选中某一个部件然后单击右键打开快捷菜单,如图 12-7 所示,可以在该菜单中执行"设为工作部件""设为显示部件""移动""装配约束""删除"等操作。

快捷菜单中的选项随组件和过滤模式的不同而不同，同时还与组件所处的状态有关，可以通过这些选项对所选的组件进行各种操作。例如，选中组件名称单击右键并选择"设为工作部件"选项，则该组件将转换为工作部件，其他所有的组件将以灰色显示。

6. 约束导航器

在"约束导航器"中列出了各部件的约束关系，可以方便管理约束。单击界面左侧资源条中的"约束导航器"按钮，打开"约束导航器"，如图12-8a所示。单击某个约束前的展开符号，可以展开该约束的应用对象。图12-8b为"约束导航器"的快捷菜单。选中某一个约束，该约束在装配体中高亮显示，在选中的约束上单击右键，弹出快捷菜单，可以对约束进行"重新定义""反向""转换为""抑制""删除"等操作。

图 12-4　"菜单"中的"装配"命令

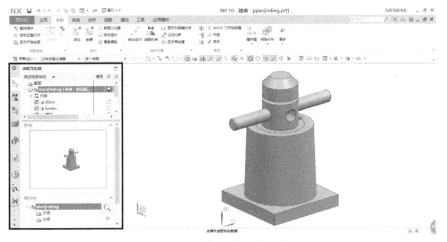

图 12-5　打开装配体文件

图 12-6　"装配导航器"

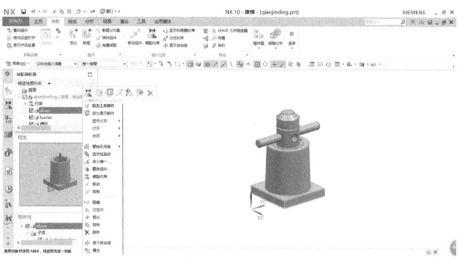

图 12-7 "装配导航器"的快捷菜单

a)"约束导航器"中的约束关系

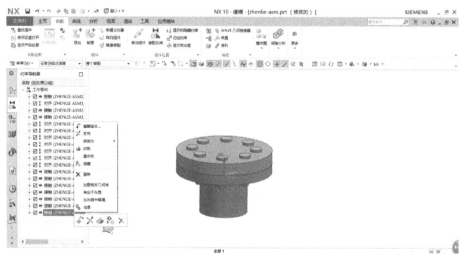

b)"约束导航器"快捷菜单

图 12-8 "约束导航器"

第二节 装配的基本方法

一、装配建模的基本步骤

自底向上装配的基本步骤为首先单独创建单个模型，然后再将其添加到装配体中。具体操作如下：

1）利用建模功能模块设计好装配体的零部件，并将其全部保存在用于装配的特定目录下，方便查找与载入。

2）新建装配体文件，进入装配环境。

3）执行"添加"命令，如图 12-9 所示，将零部件载入装配环境，并建立各组件之间的约束。

a）执行"添加"命令

b）选择部件

图 12-9 添加第一个部件

一般不将组件一次性载入，而是只载入当前需要装配的部件，装配好后再载入其他部件进行装配。第一个部件一般为箱体或底座类的零件，将其直接定位于"绝对原点"。然后依次添加其他部件，如图 12-10 所示，在随后出现的【装配约束】对话框中定义相应的约束。

二、装配约束

在装配设计过程中，使用装配约束来定义组件之间的定位关系。通过一个或一组约束，使指定组件装配到一起。本质上说，装配约束是用来限制装配组件的自由度。根据装配约束限制自由度的多少，可以将装配组件分为完全约束和欠约束两种典型的装配状态。

UG NX 中的装配约束是双向的。约束是在组件"之间"创建的，而不是"从"一个组件"到"另一个组件创建的。因此约束中所涉及组件的选择顺序无关紧要。组件的选择顺序不会影响组件的移动，也不会影响约束的创建。通常先固定一个组件，然后基于该组件来约束另一个组件。

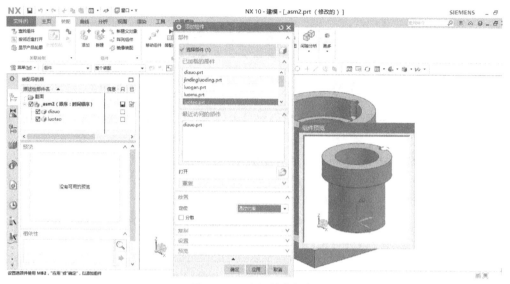

图 12-10 选择其他部件

单击选项卡 "装配" 中 "组件位置" 功能区的 "装配约束" 按钮,系统弹出【装配约束】对话框,如图 12-11a 所示,其中提供了十一种创建装配约束的类型,如图 12-11b 所示。

a) 对话框

b) "类型" 下拉列表框

图 12-11 【装配约束】对话框

1. "接触对齐" 约束

在 UG NX 10.0 软件中,对齐约束和接触约束合为一个约束类型,这两个约束方式都可指定关联类型,使两个同类对象对齐,是最常用的约束。

"接触对齐" 约束提供了 "首选接触" "接触" "对齐" 和 "自动判断中心/轴" 四个选项。

(1) 首选接触 选择 "接触对齐" 约束类型后,系统默认接触方位为 "首选接触"。"首选接触" 和 "接触" 属于相同的约束类型。

选择该约束方式时,指定的两个相配合对象接触(贴合)在一起。如果选择要配合的两个对象是平面,则两个平面共面且法向相反,如图 12-12 所示。单击对话框中的 "撤消上一个约束" 按钮,可以调整约束的方向,结果如图 12-13 所示。

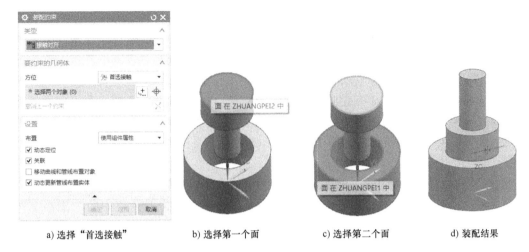

| a) 选择"首选接触" | b) 选择第一个面 | c) 选择第二个面 | d) 装配结果 |

图 12-12 "接触"约束

（2）对齐 选择该方位方式时，将对齐选定的两个对象。如果选择要配合的两个对象是平面，则两个平面共面并且法向相同（或相反）。图 12-14 所示为选择的两个平面与图 12-13 中的相同，并且选择"对齐"约束所产生的效果。

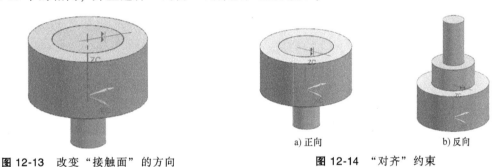

图 12-13 改变"接触面"的方向

| a) 正向 | b) 反向 |

图 12-14 "对齐"约束

（3）自动判断中心/轴 "自动判断中心/轴"约束是指系统根据选取的旋转对象参照自动判断，从而获得"轴对齐"的约束效果。图 12-15 所示为选择"自动判断中心/轴"约束

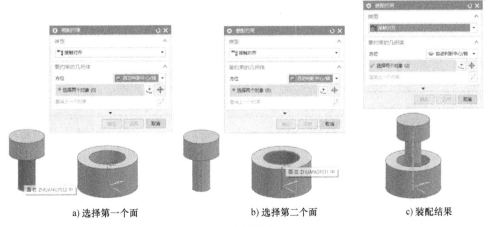

| a) 选择第一个面 | b) 选择第二个面 | c) 装配结果 |

图 12-15 "自动判断中心/轴"约束

方式，并选取两个组件中的两个圆柱面后获得的装配效果。

说明：为了使圆柱面和圆锥面同轴，用户可以选择"接触"约束，并分别选择两条轴线作为"要约束的几何体"。中心线是自动生成的，它们会在光标移动到圆柱或圆锥面的轴上时出现。

根据选择装配对象不同，将会产生不一样的结果。如果选择"接触"约束并同时选择曲面，会在这两个曲面之间创建相切约束。如果选择的是直径相等的两个圆柱面，则装配后可以对齐到轴线上，否则将出现如图12-16所示的结果。

2. "同心"约束

"同心"约束是指将两个圆或椭圆曲线/边的中心点定位到同一个点，同时使它们共面。选择对象为边。图12-17所示为"同心"约束的装配过程。单击对话框中的"撤消上一个约束"按钮，可以调整约束的方向，结果如图12-18所示。

a) 选择"同心"类型　　b) 选择第一条边

c) 选择第二条边　　d) 装配结果

图 12-17　"同心"约束

图 12-16　圆柱面的"接触"约束

3. "距离"约束

"距离"约束用于约束组件对象之间的最小距离。距离的数值可以是正值，也可以是负值，值的正、负确定相配组件在基础组件的哪一侧。图12-19所示为选择两个部件的上平面为参照，设置距离分别为50mm和-10mm的结果。

4. "固定"约束

"固定"约束用于将组件在装配体中的当前指定位置处固定。

5. "平行"约束

"平行"约束定义两个对象的方向矢量为互相平行。设置"平行"约束可使两个组件的装配对象的方向矢量彼此平行。该约束方向与"对齐"约束相似，不同之处在于，"平行"

图 12-18　调整"同心"约束的方向

约束使两个平面的法矢量同向，但"对齐"约束不仅使两个平面的法矢量同向，并且能够使两个平面位于同一平面上。

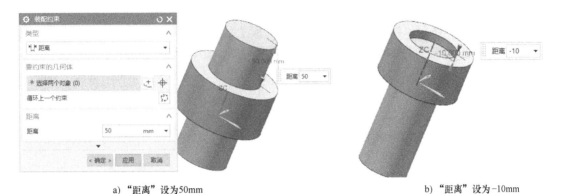

a)"距离"设为50mm   b)"距离"设为-10mm

图 12-19 "距离"约束

6. "垂直"约束

设置"垂直"约束可以使两个组件的对应参照在矢量方向上垂直。

7. "对齐/锁定"约束

该约束的作用与"接触对齐"中的"自动判断中心/轴"类似，不同的是，"对齐/锁定"约束在约束圆柱对象同轴线的同时，锁定了对象绕轴旋转的自由度。

8. "胶合"约束

"胶合"约束用于固定两个或多个组件的相对位置，即将组件"粘接"在一起，使它们作为整体移动。该约束可假想为在各组件间添加一根刚性连接杆，移动或旋转其中一个组件，另一个组件随之运动且保持相对位置不变。

9. "中心"约束

在设置组件之间的约束时，对于具有旋转体特征的组件设置"中心"约束，可使被装配对象的中心和装配组件对象中心重合，从而限制组件在整个装配体中的相对位置。

该约束类型的子类型包括"1 对 2""2 对 1"和"2 对 2"，各选项含义如下：

1)"1 对 2"：添加组件中一个对象的中心与原有组件中的两个对象中心对齐约束。约束的结果是第一个对象移动到后两个对象的中心。

2)"2 对 1"：添加组件中的两个对象中心与原有组件的一个对象中心对齐约束。约束的结果是前两个对象移动到第三个对象的对称两侧。

3)"2 对 2"：添加组件的两个对象中心与原有组件的两个对象中心对齐约束。约束的结果是两组对象的中心重合。

10. "角度"约束

"角度"约束可以在两个具有方向矢量的对象间产生，"角度"是两个方向矢量的夹角，逆时针方向为正。

三、编辑装配约束

利用"约束导航器"可以管理装配体中的约束。选择某一个约束，然后单击右键打开快捷菜单，如图 12-20 所示，可以对约束进行"重新定义""反向""转换为""隐藏"和"删除"等操作。另外，在模型上选中约束符号，单击右键打开快捷菜单，也可以执行这些操作。

1. 重新定义约束

重新定义约束用于修改约束的对象，但不能修改约束的类型。在约束编辑的快捷菜单中选择"重新定义"命令，弹出该约束的对话框，所选的约束对象高亮显示。按住<Shift>键单击鼠标可取消选择当前对象，然后重新选择约束对象，即可重新定义该约束。

提示：对于"固定"约束，由于其对象是单个的组件，因此没有"重新定义"命令。

2. 反向约束

一般的约束包含两个对象，通过"反向"命令，可以反转两个对象的位置关系，例如将接触约束反向为对齐约束。在约束编辑的快捷菜单中选择"反向"命令，即可反转约束的方向。

3. 转换约束

对于"接触""对齐"和"平行"这几种约束，可将其转换为"距离""角度"和"垂直"等约束，而不改变约束效果。例如"接触"约束相当于距离为0的"距离"约束，"平行"约束相当于角度为0的"角度"约束。在约束编辑的快捷菜单中选择"转换为"命令，子菜单中列出了可供转换的约束，如图12-21所示。

图12-20　约束编辑的快捷菜单

图12-21　转换约束的选项

4. 抑制约束

抑制约束的作用是使约束失去作用，但仍保留该约束项目。在约束编辑的快捷菜单中选择"抑制"命令，即可抑制该约束。如果要抑制多个约束，快捷方法是在"约束导航器"中逐一去掉约束前的勾选标记。

第三节　装配实例

本节以螺旋千斤顶的装配为例说明装配的基本过程。图12-22所示为螺旋千斤顶的装配图。

装配前要进行的准备工作包括：创建装配体中的各部件（可参考图10-128~图10-133），读懂装配图，了解各部件之间的装配关系。

一、装配体的创建

1. 固定底座

单击"添加组件"按钮，在弹出的【添加组件】对话框（如图12-23a所示）中单击"打开"按钮，选择添加第一个部件——底座。在对话框中设置定位方式为"绝对原点"，然后添加"固定"的约束类型（如图 12-23b 所示），将底座固定，结果如图 12-23c 所示。

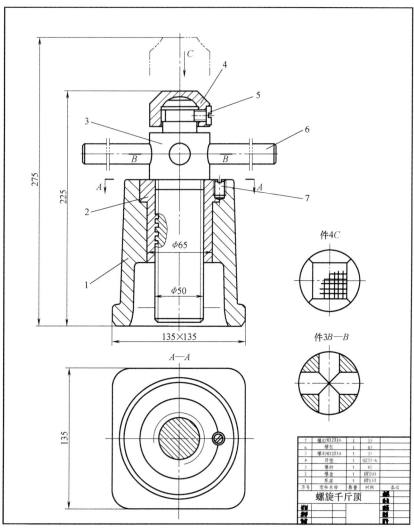

图 12-22 螺旋千斤顶

a)【添加组件】对话框

b) 装配约束

c) 结果

图 12-23 插入基础部件（底座）

215

2. 装配螺套

添加螺套,定位方式选择"通过约束",如图 12-24a 所示,然后用"对齐""对齐/锁定"约束将其定位。其中,"对齐"约束的两个对象分别为底座的上平面与螺套的上平面,"对齐/锁定"约束的两个对象分别为螺套的圆柱轴线及底座中的圆柱孔轴线,结果如图 12-24b 所示。

a)"定位"设置　　　　　　　b) 结果

图 12-24　约束螺套

3. 装配螺杆

添加螺杆,如图 12-25a 所示,定位方式选择"通过约束",并用"接触""对齐/锁定"约束将其定位。其中,"接触"约束的两个对象分别为螺套的上平面与螺杆上的轴肩端面,"对齐/锁定"约束的两个对象分别为螺套圆柱轴线及螺杆的轴线,结果如图 12-25b 所示。

　　　　　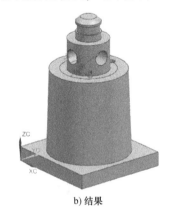

a) 螺杆　　　　　　　　　　　　　b) 结果

图 12-25　约束螺杆

4. 装配螺帽

添加螺帽,如图 12-26a 所示定位方式选择"通过约束",并用"接触""对齐/锁定"约束将其定位。其中,"接触"约束的两个对象分别为螺帽中的球面与螺杆上的球面,"对齐/锁定"约束的两个对象分别为螺帽的轴线及螺杆的轴线,结果如图 12-26b 所示。

5. 装配直杆

添加直杆，定位方式选择"通过约束"，并用"对齐/锁定"与"距离"约束将其定位。结果如图 12-27 所示。

a) 螺帽

b) 结果

图 12-26 约束螺帽

图 12-27 约束直杆

6. 装配紧定螺钉

选择"对齐"约束使螺钉面与底座的上平面对齐。选择"对齐/锁定"约束，使螺钉中的圆柱面与底座中相应圆柱孔的轴线对齐。结果如图 12-28 所示。

a) 螺钉

b) 结果

图 12-28 装配紧定螺钉

7. 完成装配

用同样的方法，装配另一个紧定螺钉。结果如图 12-29 所示。

a) 螺钉

b) 结果

图 12-29 完成装配

二、装配体的爆炸图

爆炸图通常用来表达装配体内部各组件之间的相互关系、安装工艺和产品结构等，有助于设计人员和操作人员查阅装配部件内各组件的装配关系。爆炸图在本质上也是一个视图，与其他用户定义的视图一样，一旦定义和命名就可以被添加到其他图形中。爆炸图与显示部件关联，并存储在显示部件中，用户可以在任何视图中显示爆炸图，并对该图进行任何的UG操作，该操作也将同时影响到非爆炸图中的组件。爆炸图的操作命令位于"装配"选项卡的"爆炸图"的下拉列表中，如图 12-30 所示。

图 12-30　"爆炸图"的命令按钮

1. 新建爆炸图

单击"新建爆炸图"按钮，或者选择"菜单"→"装配"→"爆炸图"→"新建爆炸图"选项，打开【新建爆炸图】对话框，如图 12-31 所示。在该对话框的"名称"文本框中输入新的名称，或者接受默认名称，单击"确定"按钮，即可完成创建。

图 12-31　新建爆炸图

2. 自动爆炸组件

自动爆炸组件是指基于组件的装配约束重定位当前爆炸图中的组件。执行"自动爆炸组件"命令后，系统将弹出【类选择】对话框，选择组件并确认后，将打开【自动爆炸组件】对话框，在该对话框的"距离"文本框中输入组件的自动爆炸位移值，单击"确定"按钮，即可创建自动爆炸视图，如图 12-32 所示。

3. 编辑爆炸图

编辑爆炸图是指重新编辑、定位当前爆炸图中选定的组件。

4. 取消爆炸组件

取消爆炸组件就是将组件恢复到先前的未爆炸位置。执行命令后，选择已有的爆炸组，然后单击"确定"按钮，即可将该组件恢复到未爆炸的位置。

5. 删除爆炸图

删除爆炸图命令可以删除未显示在任何视图中的装配爆炸图，无法删除当前显示的爆炸图。

a)"自动爆炸组件"命令按钮

b)【类选择】对话框

c)【自动爆炸组件】对话框

d)自动爆炸视图

图 12-32　自动爆炸组件功能

第四节　装配组件的管理与编辑

装配组件建立后，用户可以根据设计需要对装配结构中的组件进行"删除""编辑""阵列""替换"和"重新定位"等编辑操作。这些功能主要是通过"装配"选项卡的"组件"功能区中的命令或下拉菜单"装配"→"组件"命令来实现。本节将介绍常用的"组件"命令。

1. 阵列组件

（1）命令及参数　创建组件阵列是一种在装配中用对应关联条件快速生成多个组件的方法。例如要装配多个螺栓，可以用约束先安装其中一个，其他螺栓的装配可采用组件阵列的方式完成。

单击"装配"选项卡"组件"功能区中的"阵列组件"按钮，或选择"菜单"→"装配"→"组件"→"阵列组件"选项，打开【阵列组件】对话框，如图 12-33 所示。在"要形成阵列的组件"选项组中选择要阵列的组件，在"阵列定义"选项组中定义布局方式和阵列参数。

从对话框中可以看出，有"线性""圆形"以及"参考"三种创建组件阵列的方式。

1）线性。选择"线性"的布局方式，将创建组件的正交或非正交阵列，即利用此命令可以定义组件的一维（线性）或二维（矩形）阵列。创建时需要定义阵列的方向参考，选择一个方向参考则激活 X 方向参数，选择两个方向参考则激活两个方向参数。在对话框中选择"线性"，单击"确定"按钮后，出现如图 12-34 所示对话框。

图 12-33 【阵列组件】对话框

图 12-34 线性阵列参数

2）圆形。选择"圆形"的布局方式，将创建组件的圆形阵列。创建时需要指定绕其生成组件的旋转轴，同时指定在阵列中创建的组件的数量以及绕旋转轴创建每个组件时的角度。图 12-35 所示为创建圆形阵列的参数设置对话框。

3）参考。选择"参考"方式将参照已有的特征阵列规律来阵列组件。使用此阵列方式之前，被阵列的组件已经与另一个组件（该组件属于某阵列特征）建立了约束关系。装配组件的个数、阵列形状和约束由参照阵列的特征决定，所阵列的组件与参照阵列具有相关性。改变参照阵列组件上特征的个数和位置，被阵列组件的个数和位置也会做相应的改变。

（2）阵列实例 以下用实例说明选择"参考"方式布局的应用。需要装配的三个组件如图 12-36 所示，装配的效果如图 12-37 所示。

图 12-35 圆形阵列参数

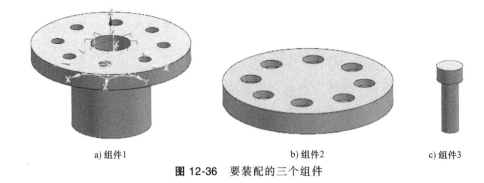

a) 组件1　　　　　　　　　　b) 组件2　　　　　　　c) 组件3

图 12-36 要装配的三个组件

装配的过程如图 12-38 所示，具体步骤如下：

1）建立组件 1 与组件 2 之间的约束，用"接触"约束（约束对象为组件 2 的下表面与组件 3 的上表面）与"对齐"约束（组件 2 中的一个圆柱孔与组件 1 中的一个圆柱孔轴线对齐）定位。

2）将组件 3 约束到组件 2 的圆孔上，然后使用此方式阵列组件，组件将按特征的阵列方式阵列，且每个组件添加了与源组件相同的约束。

图 12-37 装配后的效果

2. 替换组件

利用"替换组件"命令可以移除现有组件，并按原始组件的方向和位置添加其他组件。替换组件的基本步骤：①执行命令；②检查【替换组件】对话框设置，并根据需要修改这些设置；③选择一个或多个要替换的组件，可以在图形窗口或"装配导航器"中选择组件；④单击【替换组件】对话框中的"选择部件"，选择替换部件；⑤单击"确定"按钮，完成组件的替换。

3. 移动组件

"移动组件"命令可以将一个或多个选定的组件移动到新的位置，在移动时要注意组件间的位置。

a) 组件2与组件1装配

b) 组件3约束到组件2的圆孔上

c) 执行"阵列组件"命令

d) 选择组件3

e) 完成装配

图 12-38 装配过程

习 题

根据平口钳的零件图创建零件的三维造型并按照装配图将各零件装配起来。（说明：图 12-39 所示为平口钳装配图，图 12-40～图 12-46 为平口钳各零件图，表 12-1 为零件明细表。）

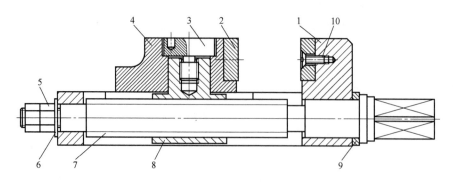

图 12-39 平口钳装配简图

表 12-1 零件明细表

零件号	名 称	数量	备 注	说 明
1	固定钳身	1		
2	钳口板	2		
3	固定螺钉	1		
4	活动钳口	1		
5	螺母 M12	2	GB/T 6170—2015	六角螺母
6	垫圈 12	1	GB/T 97.4—2002	平垫圈
7	丝杠	1		
8	螺母	1		
9	垫圈	1		
10	螺钉 M6×18	4	GB/T 68—2016	开槽沉头螺钉

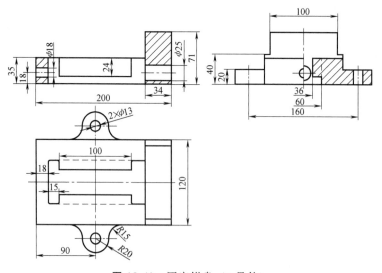

图 12-40 固定钳身（1号件）

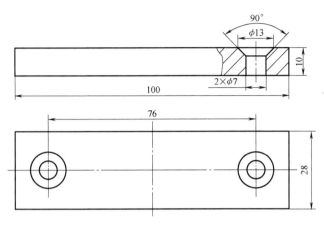

图 12-41 钳口板（2 号件）

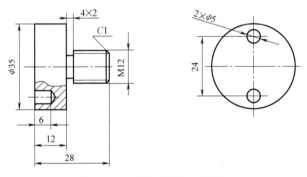

图 12-42 固定螺钉（3 号件）

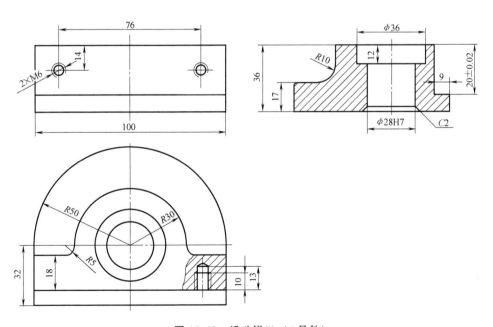

图 12-43 活动钳口（4 号件）

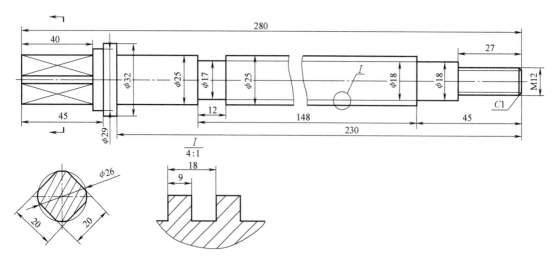

图 12-44 丝杠（7 号件）

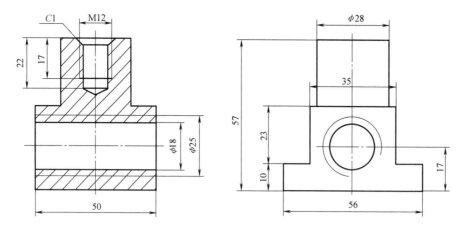

图 12-45 螺母（8 号件）

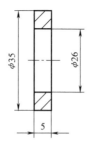

图 12-46 垫圈（9 号件）

第十三章

工程图样的生成

工程图样是设计师的语言，是工程技术人员表达设计思想的重要工具，也是设计人员和加工技术人员交流思想的平台。

从严格意义上说，UG NX 的制图功能并不是传统意义上的二维绘图，而是由三维模型投影得到二维图样。UG NX 制图是将实体建模功能创建的零件和装配主模型引用到制图模块，快速生成二维工程图样的过程。由于 UG 软件所绘制的二维工程图是由三维实体模型投影得到的，因此，工程图与三维实体模型之间是完全相关的。三维实体模型尺寸、形状和位置的改变都会引起二维工程图的变化，保证了二维工程图与三维造型的一致性。

本章将简要地介绍利用 UG 软件绘制平面工程图的方法，具体内容包括绘图参数预设置、工程图纸的创建与编辑、视图的创建与编辑、尺寸标注、图框的加载、数据的转换等内容。

第一节　工程图概述

UG NX 制图模块的功能是生成和编辑工程图。常用两种方法调用制图模块。

1）若已存在一个打开的 UG 文件（如模型文件或装配文件），单击"应用模块"选项卡中的"制图"，可以直接进入制图模块。然后可以通过"新建图纸页"命令，创建工程图。

2）可以在 UG NX 的初始界面，新建一个图纸文件，进入制图模块。通过"视图创建向导"实现加载模型、生成基本视图等操作。本节主要介绍这种方法的实现过程。

一、工程图的生成

1. 新建工程图文件

在 UG NX 的初始界面，单击"主页"选项卡中的"新建"按钮，打开【新建】对话框，切换到"图纸"选项卡或"Draw-ing"选项卡，如图 13-1 所示。

"模板过滤器"中默认的是"独立的部件"。选择系统中的模板文件，图 13-1 中选择的是"A3-Size"，然后单击"确定"按钮，即进入二维图生成模块。系统会自动建立一个名称为"Sheet 1"的图纸页，其工作界面如图 13-2 所示。该界面与模型模块的界

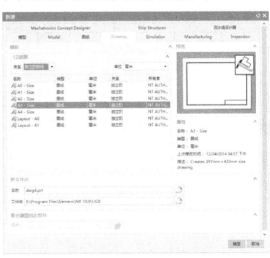

图 13-1　新建图纸

225

面相近。其中"主页"选项卡中主要包括"新建图纸页""视图""尺寸""注释""草图""表"等功能区，用于二维工程图的生成、编辑以及尺寸及技术要求的标注。

图 13-2 制图模块工作界面

2. 视图创建向导

系统提供了"视图创建向导"用于基本视图的创建。基本视图是指实体模型的各种向视图和轴测图，包括前视图、后视图、左视图、右视图、俯视图、仰视图、正等测图和正三轴测图。在一个工程图中至少要包含一个基本视图。

如图 13-3 所示，单击"主页"选项卡中"视图"功能区的"视图创建向导"按钮。系统将弹出【视图创建向导】对话框，其中提供了创建基本视图的步骤。

图 13-3 "主页"选项卡

（1）加载部件 选择已加载的部件或最近访问的部件，如果该部件没有被加载，可单击"打开"按钮，选择要生成图样的部件并将其加载到对话框中，如图 13-4 所示。

（2）设置视图参数 设置视图显示选项，注意应将隐藏线显示为"虚线"，如图 13-5a 所示。单击"设置"按钮，将弹出【设置】对话框，如图 13-5b 所示，对视图中的选项进行详细的设置。

（3）选择主视图的投影方向 一般应选择"前视图"的方向为父视图（主视图）的方位，如图 13-6 所示。

（4）选择视图布局 在视图布局图框中选择需要生成的视图，如图 13-7 所示，完成基本视图的创建。本例中选择了主视图、俯视图、左视图，结果如图 13-8 所示。

a) 【视图创建向导】对话框

b) 选择部件

图 13-4　加载部件

a) 设置隐藏线的线型

b) 【设置】对话框

图 13-5　设置视图参数

可以在此基础上根据需要再生成其他的视图。

图 13-6　选择投影方向

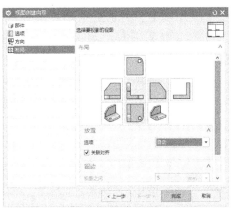

图 13-7　选择要生成的基本视图

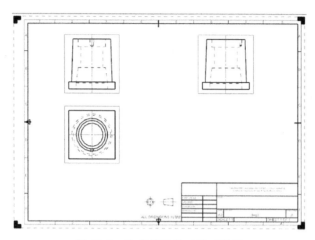

图 13-8　生成模型的二维工程图

二、UG NX 出图的一般过程

要生成符合国家标准要求的二维图，一般需要以下主要步骤：

1）设定图纸，包括设置图纸的尺寸、比例以及投影角等参数。

2）设置绘图环境，UG NX 的通用性比较强，系统提供了默认的制图格式。如果有关参数不满足需要，可以在绘制工程图之前设置绘图环境。

3）添加基本视图，例如，主视图、俯视图、左视图等。

4）添加其他视图，例如，局部放大图、剖视图等。

5）视图布局与编辑，包括移动、复制、对齐、删除、定义视图边界、添加曲线、修改剖视符号、自定义剖面线等。

6）标注图样，包括标注尺寸、公差、表面粗糙度、文字注释以及建立明细栏和标题栏等。

7）保存或者导出为其他格式的文件。

三、制图首选项参数的设置

在工程图环境中，为了更准确有效地绘制工程图，可以根据需要进行相关的基本参数预设，如线条的粗细、隐藏线的显示与否、视图边界线的显示和颜色的设置等。通过选择"菜单"→"首选项"→"制图"命令，可以打开【制图首选项】对话框，如图 13-9 所示。

该对话框左侧列表中包括十个设置项，每个项目展开后又包含多个子项。主要选项有"常规/设置""公共""图纸格式""视图""尺寸""注释""符号""表"等。常用的有"视图""尺寸""注释"和"表"。其中"视图"首选项主要用于提供

图 13-9　【制图首选项】对话框

视图使用的全局设置，能控制视图中的显示参数，例如控制隐藏线、剖视图背景线、轮廓线、光顺边、螺纹等的显示。"视图"和"尺寸"选项包含的参数如图13-10所示。

a) "视图"选项

b) "尺寸"选项

图 13-10 首选项参数

第二节 视图的创建与编辑

在一个工程图中可以包含多种视图，通过这些视图的组合来描述三维实体模型。

一、视图的创建

1. 基本视图

一般由"视图创建向导"命令创建基本视图。但是如果在已有的基本视图上再添加其他的基本视图，就需要通过执行"基本视图"命令来完成。

单击"主页"选项卡"视图"中的"基本视图"按钮或者选择"菜单"→"插入"→"视图"→"基本视图"命令，系统弹出【基本视图】对话框，如图13-11所示。

该对话框中主要的选项及设置如下：

1）部件：包括"已加载的部件"和"最近访问的部件"两个选项。

2）指定位置：可用光标指定屏幕位置。

3）方法：提供了"自动判断""水平""垂直""垂直于直线""叠加"五种对齐视图的方式，一般选择"自动判断"，即基于所选静止视图的矩阵方向对齐视图。

4）要使用的模型视图：可从下拉列表中选择八种基本视图。

5）视图样式：单击位于"设置"选项组中的"视图样式"图标，系统将弹出【设置】对话框，通过该对话框可以设置或编辑视图参数。

2. 投影视图

投影视图即国标中所称的向视图，指沿着某一方向观察实体模型而得到的投影视图。设置好基本视图后，继续移动光标将添加投影视图。

在 UG NX 制图模块中，投影视图是从一个已经存在的父视图沿着一条铰链线投影得到的，投影视图与父视图存在着关联性。图 13-12 所示为【投影视图】对话框。

图 13-11　【基本视图】对话框

图 13-12　【投影视图】对话框

3. 局部放大图

将零件的局部结构按一定比例进行放大，所得到的图形为局部放大图。局部放大图主要用于表达零件上的细小结构。图 13-13 所示为【局部放大图】对话框。一般选择 "类型" 为 "圆形"。创建时，需要首先在原有视图中指定 "中心点" 和 "边界点"，并设置放大图的 "比例"，然后选择合适位置，创建视图。

4. 剖视图

通过绘制剖视图能清晰准确地表达实体模型的内部详细结构。通过 "剖视图" 命令可以创建全剖视图和半剖视图。图 13-14 所示为【剖视图】对话框。剖切方法可以在 "方法"

图 13-13　【局部放大图】对话框

图 13-14　【剖视图】对话框

下拉列表框中进行选择，如单一的剖切面（简单剖）、几个平行的剖切面（阶梯剖）、几个相交的剖切面（旋转）等。

需要注意的是，半剖的剖切线只包含一个箭头、一个折弯和一个剖切段。

5. 局部剖视图

用剖切平面局部地剖开机件，所得到的视图为局部剖视图。选择"菜单"→"插入"→"视图"→"局部剖视图"命令，系统弹出【局部剖】对话框，如图 13-15 所示，该对话框中各选项的意义如下：

图 13-15 【局部剖】对话框

1）操作类型："创建""编辑""删除"单选按钮分别对应视图的建立、编辑以及删除等操作。

2）操作步骤：五个步骤图标用于指导用户完成创建局部剖所需的交互步骤。

选择视图：单击该图标，选取父视图。

指出基点：单击该图标，指定剖切位置。

指出拉伸矢量：单击该图标，指定剖切方向。系统提供和显示一个默认的拉伸矢量。该矢量与当前视图的 XY 平面垂直。

选择曲线：定义局部剖的边界曲线。可以创建封闭的曲线，也可以先创建几条曲线再让系统自动连接它们。

修改曲线边界：单击该图标，可以修改曲线边界。该步骤为可选步骤。

二、视图的编辑

向图纸中添加了视图之后，如果需要调整视图的位置、边界和视图的显示等有关参数，就需要用到本节介绍的视图编辑操作。

1. 编辑视图

编辑命令的执行有以下三种方式：①选择"菜单"→"编辑"→"视图"选项；②在"部件导航器"中选择要编辑的视图然后单击右键，在快捷菜单中有视图编辑的各项命令可供选择；③在绘图区，选择要编辑的视图然后单击右键，在快捷菜单中选择相应命令。图 13-16 所示即为执行视图编辑命令的三种方式。

1）移动/复制视图：在图纸上移动或复制已存在的视图，或者把选定的视图移动或复制到另一张图纸上。

2）删除视图：选中要删除的视图，直接按<Delete>键即可，或者将光标放到视图边界上右击，系统弹出快捷菜单，选择"删除"命令，还可以在"部件导航器"中所需的视图名称上右键单击，系统弹出快捷菜单，选择"删除"。

3）编辑组件：可以删除以前创建的制图对象的某些部分。可删除的组件包括箭头、手工创建的剖面线、尺寸和延伸线等。除了删除组件以外，【编辑组件】对话框还可用于将以前创建的内嵌组件（例如用户定义的间隙符号和断开符号）移动到同一个制图对象上的新位置。

4）更新视图：通过此命令可以手动更新选定的视图，以便反映在上次更新视图以后模型所发生的更改。可更新的项目包括隐藏线、轮廓线、视图边界、剖视图和剖视图细节。

a) "视图"下拉菜单

b) 部件导航器

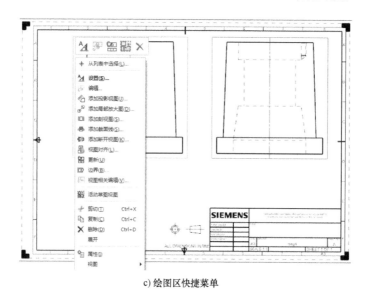

c) 绘图区快捷菜单

图 13-16 视图编辑命令的执行

2. 编辑视图细节

如图 13-17 所示,【视图】功能区和"菜单"→"编辑"→"视图"菜单中均包含了视图编辑的相关命令。"视图相关编辑"则属于细节操作,其主要作用是对视图中的几何对象进行编辑和修改。以下说明【视图相关编辑】对话框中各选项的含义。

(1)添加编辑 用于对视图对象进行编辑操作,其中的按钮含义依次为:

1)擦除对象:利用该选项可以擦除视图中选取的对象。擦除与删除的意义不同,擦除对象只是暂时不显示对象,以后还可以恢复,并不会对其他视图的相关结构和主模型产生影响。

2）编辑完全对象：利用该选项可以编辑所选整个对象的显示方式，包括颜色、线型和线宽。

3）编辑着色对象：利用该选项可以控制成员视图中对象的局部着色和透明度。

4）编辑对象段：利用该选项可以编辑部分对象的显示方式，其方法与"编辑完全对象"类似。

5）编辑剖视图背景：在建立剖视图时，可以有选择地保留背景线。背景线编辑功能，不仅可以删除已有的背景线，还可以添加新的背景线。

（2）删除编辑　用于删除前面介绍的对视图对象所做的编辑操作，按钮含义依次为：

1）删除选择的擦除：单击该按钮，使先前擦除的对象重新显现出来。

2）删除选择的修改：单击该按钮，使先前修改的对象退回到原来的状态。

图 13-17 【视图相关编辑】对话框

3）删除所有修改：单击该按钮，将删除以前所做的所有编辑，使对象恢复到原始状态。

（3）转换相依性　用于设置对象在模型和视图之间的相关性，按钮含义依次为：

1）模型转换到视图：将模型中存在的某些对象（模型相关对象）转换为单个成员视图中存在的对象（视图相关对象）。

2）视图转换到模型：将单个成员视图中存在的某些对象（视图相关对象）转换为模型对象。

（4）线框编辑　设置线条的颜色、线型和线宽。

（5）着色编辑　设置对象的颜色、透明度等。

利用该功能对某一视图所做的编辑操作，并不会影响其他视图中的相关显示。

第三节　工程图纸的创建与编辑

在 UG NX 中，基于三维实体模型创建二维工程图时，首先要进行的是图纸的初始化工作，这些工作一般都是由工程图的管理功能完成的，包括工程图的创建、打开、删除和编辑等。

一、创建工程图纸

通过"新建图纸页"命令，可以在当前模型文件内新建一张或多张指定名称、尺寸、比例和投影角度的图纸。

选择"菜单"→"插入"→"图纸页"，或者单击"主页"选项卡中"新建图纸页"按钮，系统弹出【图纸页】对话框，如图 13-18a 所示。设置完对话框中各种参数后，单击"确定"按钮，即可完成创建工程图纸的任务。此时在图形窗口显示新创建的图纸，并在左下角显示刚创建的图纸的名称。

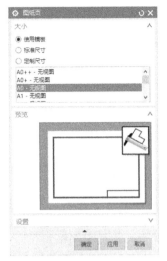

a) 选择图纸模板

b) 选择标准尺寸图纸

c) 定制图纸尺寸

图 13-18　【图纸页】对话框

该对话框中各选项的意义如下：

1）大小：共有三种规格的图纸可供选择，即"使用模板""标准尺寸"和"定制尺寸"。

使用模板：使用该选项新建图纸的操作最为简单，可以直接选择系统提供的模板，将其应用于当前视图模块中。

标准尺寸：图纸的大小都已标准化，可以直接选用。比例、边框、标题栏等内容需要自行设置，如图 13-18b 所示。

定制尺寸：图纸的大小、比例、边框、标题栏等内容均需自行设置，如图 13-18c 所示。

2）名称：包括"图纸中的图纸页"和"图纸页名称"两个选项。

图纸中的图纸页：列表显示图纸中的所有图纸页。对 UG NX 来说，一个部件文件中允许有若干张不同规格、不同设置的图纸。

图纸页名称：输入新建图纸的名称。输入的名称最多包含 30 个字符。

3）单位：设置图纸尺寸的度量单位。

4）投影：设置图纸的投影角度。根据各国的使用要求不同，UG 提供了两种投影方式供用户选择，即第一角投影和第三角投影。根据我国的机械制图标准规定，单位应选"毫米"，投影应选"第一角投影"。

5）自动启动基本视图创建：对于每个部件文件，插入第一张图纸页时，会出现该复选框。选择该复选框后，创建图纸后系统会自动启用创建基本视图命令。

二、打开工程图纸

若一个文件中已经包含几张存在的工程图纸，可以打开已经存在的图纸，使其成为当前图纸，以便进一步对其进行编辑。在"部件导航器"中，右键单击所需的图纸名称，系统弹出快捷菜单，选择"打开"，如图 13-19 所示。也可以直接双击所需的图纸名称，即可打开该图纸。

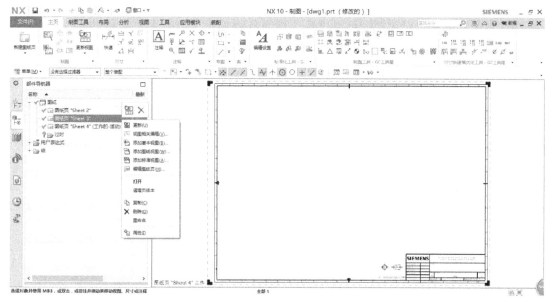

图 13-19　打开图纸页

三、删除工程图纸

在"部件导航器"中，在所需的图纸名称上右键单击，系统弹出快捷菜单，选择"删除"，可以将已有的图纸页删除。或者将光标放置在图纸边界虚线部分，当虚线变为红色，单击右键，在弹出的快捷菜单中选择"删除"。

第四节　尺寸与技术要求的标注

视图创建后，还需要对其进行标注，包括尺寸标注、插入中心线、文本注释、插入符号、几何公差标注、创建装配明细和绘制表格等。标注是表示图样尺寸和公差等信息的重要方法，也是工程图样的一个有机组成部分。

一、尺寸标注

尺寸标注用于标识对象的尺寸大小。UG NX 制图模块和三维实体造型模块是完全关联的，在图样中进行尺寸标注就是直接引用三维模型真实的尺寸，具有实际的意义，因此无法像二维 CAD 软件中的尺寸可以进行改动。如果要改动零件中的某个尺寸参数，需要在三维实体中修改。如果三维模型被修改，图样中的相应尺寸会自动更新，从而保证了图样与模型的一致性。标注尺寸时一般可以按照如下步骤进行：

1）设置标注尺寸的属性。

2）根据模型的形状，统筹规划需要标注的尺寸。

3）根据实际需要，在"尺寸"功能区中选择相应的命令。

4）进行尺寸标注。

5）根据需要修改尺寸。

1. 标注参数的预设置

在【制图首选项】对话框中可以设置注释的各种参数，如标注文字的大小、尺寸的放置位置等。单击下拉菜单中的"首选项"→"制图"命令，系统弹出【制图首选项】对话框，如图13-20所示。该对话框中共有16个选项卡。

a)"公差"选项卡　　　　　　　　　　　　　b)"剖面线/区域填充"选项卡

图 13-20　【制图首选项】对话框

2. 尺寸标注

制图工作环境中的尺寸标注工具集中在"主页"选项卡中的"尺寸"功能区中，包含了8种常用尺寸类型，各尺寸类型标注方式的用法见表13-1。

表 13-1　尺寸标注含义和使用方法

选　　项	含义和使用方法
快速	由系统自动推断出选用哪种尺寸标注类型进行尺寸标注
线性	用于标注所选对象间的水平或垂直尺寸，根据光标的移动方向确定尺寸方向
倒斜角	用于标注45°倒角的尺寸，不支持对其他角度的倒角进行标注
角度	用于标注图样中所选两条直线之间的角度
径向	用于标注图样中所选圆或圆弧的径向尺寸
厚度	用于标注两要素之间的厚度
弧长	用于创建一个圆弧周长尺寸
周长	用于创建周长约束以控制选定直线和圆弧的总体长度

在大多数情况下，使用"快速尺寸"命令就能完成尺寸的标注。只有当用"快速尺寸"命令无法完成尺寸标注时，才使用上述介绍的其他命令。图13-21所示为【快速尺寸】对话框。其中的测量方法有"自动判断""水平""竖直""点到点""垂直""斜角""径向""直径"等多种选项，一般选择"自动判断"就可以根据所选对象的类型和光标位置，自动判断生成的尺寸类型。

3. 编辑尺寸

在 UG NX 图样中标注的尺寸，常常需要编辑其格式和符号，例如修改尺寸线的样式，为标注的线性尺寸添加直径符号等。一般来说，只可对尺寸的位置、格式进行修改，不修改尺寸的数值。这主要是因为尺寸数值与三维模型相关联，一旦修改了尺寸数值，将破坏这种关联。

如图 13-22 所示，双击标注的尺寸，可以打开该尺寸对应的对话框（图 13-22a），单击右下角的"设置"按钮，即可打开【设置】对话框（图 13-22b）。在该对话框中选择相应的选项，可以编辑尺寸文字的对齐方式，控制尺寸线、延伸线和箭头的样式，设置前缀和后缀，为尺寸设置一定的公差，修改尺寸文字及箭头的位置，将尺寸转换为参考尺寸等。

图 13-21　【快速尺寸】对话框

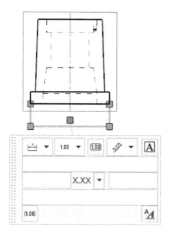

a) 编辑尺寸对话框

b)【设置】对话框

图 13-22　编辑尺寸

4. 插入中心线

在工程图中经常会用到中心线，需要通过"中心线工具"将中心线添加到工程图中。

"主页"选项卡"注释"功能区的"中心标记"下拉列表中包含了 8 种不同的中心线标注："中心标记""螺栓圆中心线""圆形中心线""对称中心线""2D 中心线""3D 中心线""自动中心线""偏置中心点符号"。

二、技术要求标注

1. 文本注释

要在图样中插入文本注释，可以单击"主页"选项卡"注释"功能区的"注释"按钮，或者选择"菜单"→"插入"→"注释"→"注释"选项，打开【注释】对话框，如图 13-23 所示。

其中常用的选项组有：

1) 原点：单击"原点"选项组中的"原点工具"按钮，打开【原点工具】对话框，如图 13-24 所示。使用该对话框来定义原点，确定注释的位置。

2) 文本输入：文本框中可以输入注释文本。

3) 设置：单击"设置"按钮，打开【设置】对话框，在其中可以设置所需的文本样式。

4) 指引线：如果创建的注释文本带有指引线，可以展开"指引线"选项组，单击"选择终止对象"按钮以选择终止对象，接着设置指引线类型（指引线类型可以为"普通""全圆符号""标志""基准"或"以圆点终止"），指定是否通过二次折弯创建等，然后根据系统提示进行操作来完成带指引线的注释文本的设置。

图 13-23 【注释】对话框

图 13-24 【原点工具】对话框

2. 表面粗糙度符号

可以创建一个表面粗糙度符号来表示表面参数，如表面粗糙度、处理或涂层、模式、加工余量和波纹。单击"主页"选项卡"注释"功能区的"表面粗糙度符号"按钮，或者选择"菜单"→"插入"→"注释"→"表面粗糙度"选项，打开【表面粗糙度】对话框，如图 13-25 所示。在"属性"选项组的"除料"下拉列表中可以选择材料移除方式。

标注时，首先选择材料移除选项，并在"属性"选项组中设置相关的参数，然后展开"设置"选择组，根据设计要求定制表面粗糙度样式和角度。如果需要指引线，可以设置"指引线"选项组。最后通过指定"原点"工具来确定放置符号的位置。执行一次命令可以插入多个表面粗糙度符号。

3. 形位公差标注

形位公差符号是将几何、尺寸和公差符号组合在一起形成的组合符号，它用于表示表面几何形状和相对位置误差。在 UG NX10.0 中，形位公差的标注是用特征控制框来完成的。

单击"主页"选项卡"注释"功能区的"特征控制框"按钮，或者选择"菜单"→"插入"→"注释"→"特征控制框"选项，打开【特征控制框】对话框，如图 13-26a 所示。该对话框中各选项组的功能如下：

图 13-25　【表面粗糙度】对话框

a)　　　　　　　　　　　　　b)

图 13-26　【特征控制框】对话框

1）原点：该选项组用于控制特征框的放置位置，单击"指定位置"按钮后，在图样中单击即可放置特征框。

2）指引线：该选项组用于设置形位公差引线的箭头。

3）框：该选项组用于设置形位公差的参数，在"特性"下拉列表中可以选择形位公差类型，如图 13-26b 所示。

标注时，在"特性"下拉列表中选择形位公差的类型，在"框样式"下拉列表中选择框样式（单框/复合框）；然后在"公差"选项组的文本框中输入形位公差的值；在"第一基准参考"选项组的下拉列表中选择参考基准，可在"第二基准参考"和"第三基准参考"选项组选择次要的参考基准；接着展开"指引线"选项组，在要创建指引线的对象上选择一点，然后移动光标在合适的位置单击，放置该特征控制框。

4. 其他符号

除了表面粗糙度符号之外，工程图中还有其他的注释符号，这些符号的标准命令都集中在"主页"选项卡的"注释"功能区中，如图 13-27 所示。

图 13-27　"注释"功能区

各命令按钮的功能含义见表 13-2。

表 13-2　其他注释命令

命令	含义和使用方法
标识符号	创建带或不带指引线的标识符号
目标点符号	创建用于进行尺寸标注的目标点符号
基准特征符号	创建基准特征符号，单击此按钮，将弹出【准特征符号】对话框，利用该对话框可以设置基准标识符、其他选项、指引线和原点
焊接符号	创建一个焊接符号来指定焊接参数，如类型、轮廓形状、大小、长度或间距，以及精加工方法
相交符号	创建相交符号，该符号表示拐角的指示线

（续）

命令	含义和使用方法
剖面线	在指定的边界内创建剖面线图样
基准目标	创建基准目标,单击此按钮,将弹出【基准目标】对话框,可设置基准目标的类型,以及相应的参数和参照
图像	在图纸页上放置图片(jpg、png 或 gif 格式文件)
区域填充	在指定的边界内创建图案或填充

三、明细栏与标题栏

1. 表格注释

UG NX 中的"表格注释"命令用于列出零件项目、参数和标题栏等。

单击"主页"选项卡"表"功能区的"表格注释"按钮,或者选择"菜单"→"插入"→"表格"→"表格注释"选项,打开【表格注释】对话框,如图 13-28 所示。

2. 装配明细栏

装配明细栏在 UG NX 10.0 中也被称为"零件明细表",用来表示装配的物料清单。创建装配明细栏其实就是创建用于装配的物料清单。

图 13-28 【表格注释】对话框

要创建装配明细栏,可以单击"主页"选项卡"表"功能区的"零件明细表"按钮,或者选择"菜单"→"插入"→"表格"→"零件明细表"选项,接着在图纸页中指明明细栏的位置即可。

习　题

13-1　利用 UG NX 软件绘制工程图样有哪几种方法?

13-2　简述 UG NX 软件绘制工程图样的一般流程。

13-3　简述各种剖视图的创建方法。

第三篇

图形程序设计技术

第十四章

程序绘图基础

目前，Visual C++是最受用户青睐的 Windows 程序设计产品。Windows 中的任何功能，都可以在 Visual C++中实现。利用 Visual C++开发系统可以完成各种各样的应用程序开发。由于 Windows 是基于图形用户接口（GUI）的操作系统，而 Visual C++提供了丰富的图形设备接口（GDI），通过 GDI，Windows 实现了设备无关性，使得在 Windows 系统下用 Visual C++开发图形应用程序更加方便、快捷。

本章简要介绍利用 Visual C++进行程序设计绘图的基本知识。

第一节　Visual C++ 6.0 用户界面

Visual C++ 6.0 是 Microsoft Developer Studio 的组件之一，而后者通常被称为集成开发环境（IDE），亦即 Visual C++ 6.0 的用户界面。Developer Studio 具有包括源码创建、资源编辑、编译、链接和调试等在内的许多功能。图 14-1 是一个完整的 Developer Studio 用户界面。界面是智能化的，而且非常宽容，鼓励用户自行实践和尝试。

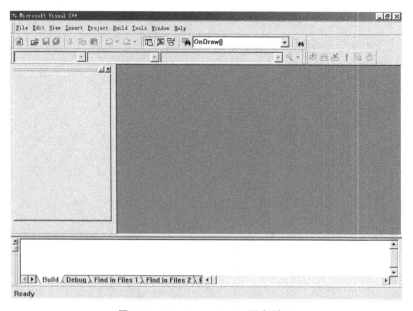

图 14-1　Developer Studio 用户界面

Developer Studio 的用户界面由上端的菜单栏和工具栏、左边的工程工作区（Project

Workspace)、右边的进行文件与资源编辑的主工作区以及下端的输出窗口（Output）和状态栏组成。在调试时，平台还提供各种窗口，包括观察窗口、变量窗口、寄存器窗口、存储器窗口、调试堆栈窗口和反汇编窗口。

第二节 用 MFC AppWizard 生成应用程序

AppWizard 是 Visual C++开发系统的一个工具，利用它可快速地生成应用程序框架。AppWizard 提供了一系列的对话框及多种选项，包括生成程序所需的应用程序框架。

一、用 MFC AppWizard 生成应用程序的步骤

1）从 Microsoft Developer Studio 窗口中选择"File"下拉菜单中的"New"选项，弹出【New】对话框，如图 14-2 所示。选择"MFC AppWizard（exe）"选项。在"Location"文本框中键入存放工程文件的路径"E：\ lxl \ VC \ Hello"，在"Project name"文本框中键入工程的名称"Hello"。

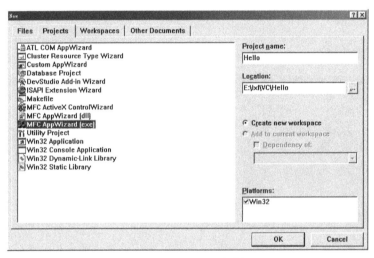

图 14-2 【New】对话框

2）单击【New】对话框中的"OK"按钮，弹出【MFC AppWizard-Step1】对话框，如图 14-3 所示，在该对话框中选择应用程序的类型及界面所应用的语言种类。应用程序的类型有三种：单文档界面（SDI）应用程序，多文档界面（MDI）应用程序和基于对话框（DB）的应用程序。下拉列表框中提供了界面应用的语言选项，包括德、英、法、意、西班牙、中文等语言。

该工程选择单文档界面（SDI）和中文。

3）单击"Next"按钮，弹出【MFC AppWizard-Step2 of 6】对话框，如图 14-4 所示。该对话框用于确定应用程序是否支持数据库及选择数据源。

该工程选择默认设置。

4）单击"Next"按钮，弹出【MFC AppWizard-Step3 of 6】对话框，如图 14-5 所示。该对话框用于确定应用程序与其他文档的支持关系。

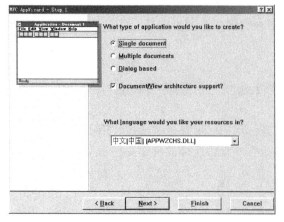

图 14-3 【MFC AppWizard-Step1】对话框

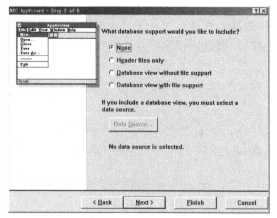

图 14-4 【MFC AppWizard-Step2 of 6】对话框

该工程选择默认设置。

5）单击"Next"按钮，弹出【MFC AppWizard-Step4 of 6】对话框，如图 14-6 所示。该对话框用于确定应用程序的特征，如确定应用程序的界面，增加工具栏、状态栏、打印设置等。

该工程选择默认设置。

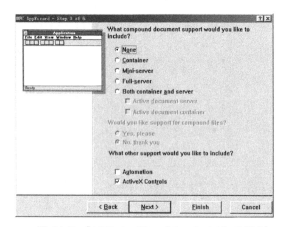

图 14-5 【MFC AppWizard-Step3 of 6】对话框

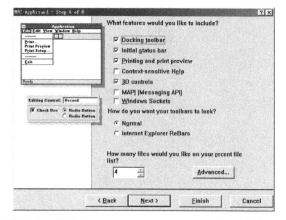

图 14-6 弹出【MFC AppWizard-Step4 of 6】对话框

6）单击"Next"按钮，弹出的对话框如图 14-7 所示。该工程选择默认设置。

7）单击"Next"按钮，弹出对话框，如图 14-8 所示。对话框中的默认设置确定了类的名称及所在文件的名称。

8）单击"Finish"按钮，弹出【New Project Information】对话框，如图 14-9 所示。该对话框中列出了 AppWizard 将要生成的一些类和文件，以及此工程所具有的一些特征，单击"OK"按钮，AppWizard 生成了相应的文件。

二、用 AppWizard 生成的应用程序框架编程并运行

在生成的 HelloView. cpp 文件中找到 OnDraw 函数，并双击，则在主文件区中显示应用程序框架的源代码。在它的 OnDraw 函数中增加如下代码：

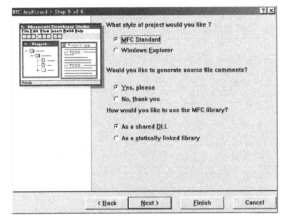

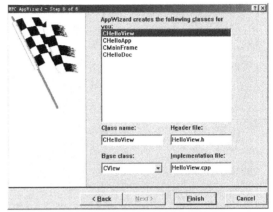

图 14-7 【MFC AppWizard-Step5 of 6】对话框   图 14-8 【MFC AppWizard-Step6 of 6】对话框

pDC->TextOut（150，100，"Hello，World!"）；

pDC->TextOut（150，120，"This is my first program!"）；

pDC->TextOut（150，150，"世界你好!"）；

pDC->TextOut（150，180，"这是我的第一个程序!"）；

选择"Build"菜单中的"Build Hello.exe"选项来编译、连接所生成的代码，如果在此过程中没有出错，接着选择"Build"菜单中的"Execute Hello.exe"选项，运行结果如图 14-10 所示。

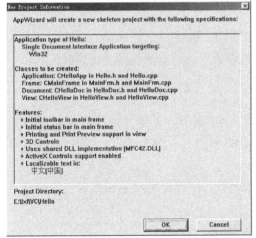

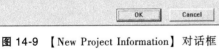

图 14-9 【New Project Information】对话框

图 14-10 程序运行结果

三、绘图模式

绘图模式指定如何将画笔颜色和被填充对象的内部颜色与显示器上的颜色相结合。默认绘图模式为 R2_COPYPEN，Windows 将画笔颜色复制到显示器上。

可以调用 CDC 的成员函数 SetROP2（int nDrawMode）。参数 nDrawMode 指定所要求的绘图模式，其值如表 14-1 所示。

表 14-1　Set ROP2 绘图模式

模式值	像素颜色
R2_BLACK	像素总为黑色
R2_WHITE	像素总为白色
R2_NOP	像素保持不变
R2_NOT	像素为显示颜色的反转色
R2_COPYPEN	像素为画笔颜色(默认)
R2_NOTCPYPEN	像素为画笔颜色与显示颜色反转色的组合
R2_MASKPENNOT	像素为画笔颜色与显示颜色反转色的公共颜色的组合
R2_MERGENOTPEN	像素为显示颜色与画笔颜色反转色的组合
R2_MASKNOTPEN	像素为显示颜色与画笔颜色反转色的公共颜色的组合
R2_MERGEPEN	像素为显示颜色与画笔颜色的组合
R2_NOTMERGEPEN	像素为 R2_MERGEPEN 颜色反转色
R2_MASKPEN	像素为显示颜色与画笔颜色的公共颜色的组合
R2_NOTMASKPEN	像素为 R2_MASKPEN 颜色反转色
R2_XORPEN	像素为画笔颜色与显示颜色的组合,但不同时为这两种颜色
R2_NOTXOPEN	像素为 R2_XORPEN 颜色反转色

　　绘制线时，如果绘图模式为 R2_NOT，则绘制出的线为与显示颜色相反的颜色的线。这样，所绘制的线几乎均可见。而且第二次绘制同一条线时，将自动擦除该线并恢复为当前的显示颜色。

　　R2_NOP 绘图模式等效于同时选择 NULL 画笔和 NULL 画刷。

　　此外，在绘制虚线时，用于填充线间的空白颜色取决于当前背景模式和背景颜色。

四、基本绘图函数

　　GDI 提供了丰富的绘图函数，这些函数封装在 CDC 类中。下面介绍一些常用的绘图函数。

1. 绘制点

　　绘制点函数 SetPixel（　）是最基本的 GDI 绘图函数，用指定的颜色在指定坐标绘制一个点，函数返回实际像素点的颜色值，其语法如下：

　　语法一：COLORREF SetPixel(int x, int y, COLORREF crColor);

　　语法二：COLORREF SetPixel(POINT point, COLORREF crColor);

　　说明：x、y 为指定点的坐标；crColor 指定颜色值，可以使用 RGB（rr, gg, bb）合成颜色；POINT point 结构或 Cpoint 对象指定点的坐标。

　　下面给出一个绘制点的例子，在（100，100）处绘制一个红点。

```
void Cex09View::OnDraw(CDC * pDC)
{
...
pDC->SetPixel (100, 100, RGB(255, 0, 0));
```

...
　｝

2. 绘制线

绘制线函数有三类，绘制直线、绘制连续线和绘制圆弧，下面分别予以介绍。

绘制直线先用 MoveTo（　）函数移动当前点，再用 LineTo（）函数从当前点绘制到指定点。下面介绍这两个函数的语法。

（1）CDC∷MoveTo

语法一：Cpoint MoveTo（int x，int y）；

语法二：Cpoint MoveTo（POINT point）；

说明：x、y 为新位置坐标点；POINT point 结构或 Cpoint 对象指定新位置坐标点。

（2）CDC∷LineTo

语法一：BOOL LineTo（int x，int y）；

语法二：BOOL LineTo（POINT point）；

说明：x、y 为线段终点坐标；POINT point 结构或 CPoint 对象指定线段终点坐标。

Polyline（　）函数可以绘制连续线段，如要绘制出由坐标（10，15）经（50，200）到（70，160）的连续线段，需要将这三个坐标存到 POINT 数组中，其语法如下：

BOOL Polyline（LPPOINT lpPoints，int nCount）；

说明：LpPoints 为存储线段端点坐标的 POINT 结构或 Cpoint 对象数组指针；nCount 为数组的大小（即线段数量），最小为 2。

下面是绘制连续线段的例子。

```
void Cex09View∷OnDraw( CDC * pDC)
｛
...
POINT points[3] = ｛｛10,150｝,｛50,200｝,｛70,160｝｝;
pDC->Polyline( points,3);
...
｝
```

3. 绘制圆弧

Arc（　）函数所绘制的弧线为矩形内切圆或椭圆上的一段弧边，其语法如下：

语法一：BOOL Arc（int x1，int y1，int x2，int y2，int x3，int y3，int x4，int y4）；

语法二：BOOL Arc（LPCRECT lpRect，POINT ptStart，POINT ptEnd）；

说明：x1、y1 指定矩形左上角坐标；x2、y2 指定矩形右下角坐标；x3、y3 指定圆弧起始参考点坐标；x4、y4 指定圆弧结束参考点坐标；lpRect 为指向 RECT 结构或 Crect 对象的指针，用于指定矩形坐标；ptStart 为 POINT 结构或 Cpoint 对象，用于指定圆弧起始参考点坐标；ptEnd 为 POINT 结构或 CPoint 对象，用于指定圆弧结束参考点坐标。

实际的圆弧是从起始参考点（x3，y3）或 ptStart 沿矩形内切椭圆按逆时针方向到结束参考点（x4，y4）或 ptEnd 的一段圆弧。

下面给出一个绘制圆弧的例子，绘制一段 1/4 圆弧。

```
void Cex09View∷OnDraw( CDC * pDC)
｛
```

```
...
CRect rect(0,0,200,200);
CPoint ptStart(200,100);
CPoint ptEnd(100,0);
pDC->Arc(&rect,ptStart,ptEnd);
...
}
```

4. 绘制椭圆

绘制椭圆函数 Ellipse（ ）也是使用矩形内切椭圆的方式指定要绘制的椭圆，如果指定的矩形为正方形，则绘制出的是圆，其语法如下：

语法一：BOOL Ellipse（int x1, int y1, int x2, int y2）;

语法二：BOOL Ellipse（LPCRECT lpRect）;

说明：x1、y1 指定矩形左上角坐标；x2、y2 指定矩形右下角坐标；lpRect 为指向 RECT 结构或 Crect 对象的指针，用于指定矩形坐标。

下面给出使用 Ellipse（ ）绘制椭圆的例子。

```
void Cex09View::OnDraw(CDC * pDC)
{
...
CRect rect(200,200,300,300);
pDC-> Ellipse(&rect);
...
}
```

第三节　图形设备接口

Windows 操作系统的图形设备接口（GDI）作为在屏幕和打印机上绘图的手段，提供了一系列用于绘制点、线、矩形、多边形、椭圆、位图以及文本的函数。MFC 的设备环境类 CDC 封装了 GDI 的全部绘图函数，应用 CDC 类可以很方便地在屏幕和打印机上绘制图形和输出文本。

一、设备环境

设备环境（Device Context）是一个 Windows 数据结构，它包含输出设备的绘图属性的信息描述，是 Windows 应用程序与设备驱动程序和输出设备之间的连接桥梁。

Windows 的设备环境有多个，其中 CDC 是其他所有设备环境的基础，所有的绘图函数都在 CDC 中定义。其他的派生类，除了 CMeteFileDC 类以外，都仅仅是构造函数和析构函数不同。

MFC 提供了 CPaintDC 类、CClientDC 类和 CWindowDC 类支持绘图操作。CClientDC 类支持在窗口客户区绘图，CWindowDC 支持在整个窗口（包括非客户区）绘图。CClientDC 类和 CWindowDC 类支持实时响应，而 CPaintDC 类支持重画。

二、绘图工具

MFC 提供了 CBrush 类、CPen 类和 CFont 类，分别封装了绘图工具刷子、笔和字体。在定义画笔或画刷对象时，都要调用构造函数来创建默认的画笔或画刷。

1．创建画笔和画刷工具

使用画笔或画刷的主要步骤如下：

1）创建 CPen 类对象或 CBrush 类对象。

2）调用合适的成员函数初始化画笔或画刷。

3）将画笔或画刷对象选入当前设备环境对象，并将指针保存在原先的画笔或画刷对象中。

4）调用绘图函数来绘制图形。

5）将原先的画笔或画刷对象选入设备环境对象，恢复原先的状态。

可以调用 CPen 的成员函数 Createpen 初始化画笔，其函数语法如下：

BOOL Createpen（int nPenStyle，int nWidth，COLORREF crColor）；

其中，参数 nPenStyle 为所选的画笔样式，其取值如表 14-2 所示。

表 14-2　画笔样式

画笔样式	说　　明
PS_SOLID	创建实线笔
PS_DASH	当笔宽为 1 时，创建虚线笔
PS_DOT	当笔宽为 1 时，创建点线笔
PS_DASHDOT	当笔宽为 1 时，创建点画线笔
PS_DASHDOTDOT	当笔宽为 1 时，创建双点画线笔
PS_NULL	创建空画笔
PS_INSIDEFRAME	创建画笔，用于在 Windows GDI 输出函数所产生的封闭框架内绘制线

参数 nWidth 用于指定画笔的宽度。画笔宽度为逻辑单位量，对于点画线样式的笔，画笔宽度只有一个像素宽。参数 crColor 用于指定画笔的颜色。

一旦初始化画笔对象后，就可以调用 CDC 的成员函数 SelectObject 将画笔选入设备环境对象。对于画笔和画刷，SelectObject 的原型如下：

CPen * SelectObject（CPen * pPen）；

CBrush * SelectObject（CBrush * pBrush）；

其中，参数 pPen 是指向画笔对象的指针，参数 pBrush 是指向画刷对象的指针。SelectObject 返回一个指向原先已选入设备文本对象的画笔或画刷对象的指针。如果在此之前没有选择过画笔或画刷对象，则使用默认画笔或画刷。

可以调用 CBrush 的成员函数 CreateSolidBrush 创建纯色画刷，调用成员函数 CreateHatch-Brush 创建阴影画刷（以特定阴影模式填充图形底部），也可以调用成员函数 CreatePattern-Brush 以定制模式填充图形内部。这三个成员函数的原型如下：

BOOL CreateSolidBrush（COLORREF crColor）；

BOOL CreateHatchBrush（int nIndex，COLORREF crColor）；

BOOL Create PatternBrush（CBitmap * pBitmap）；

其中，参数 crColor 用于指定画刷的颜色，参数 nIndex 用于指定阴影模式。nIndex 可能的取值如表 14-3 所示。

表 14-3　阴影模式

阴影模式	说　　明
HS_BDIAGONAL	45°下降阴影线（自左向右）
HS_CROSS	水平和垂直交叉阴影线
HS_DIAGCROSS	45°斜线交叉阴影线
HS_FDIAGONAL	45°上升阴影线（自左向右）
HS_HORIZONTAL	水平阴影线
HS_VERTICAL	垂直阴影线

2. 颜色处理

初始化画刷和画笔时必须指定相应的颜色值。颜色的数据类型是 COLORREF，显示 RGB 值是一个 32 位的整数，包含红、绿、蓝三个颜色域，由 Red、Green 和 Blue 的形式指定。第一个字节为红颜色域，第二个字节为绿颜色域，第三个字节为蓝颜色域，第四个字节必须为 0。每个域指定相应色彩的浓度，浓度值为 0~255。通过分别设置三种颜色的相对强度生成实际的颜色。既可以手工指定 RGB 值（如 0x00FF00000 是纯蓝），也可以使用 RGB 宏来指定。RGB 的定义如下：

COLORREF RGB（BYTE bRed，BYTE bGreen，BYTE bBlue）；

<h1 style="text-align:center">习　　题</h1>

14-1　上机操作，通过 MFC AppWizard 的六个步骤生成一个应用程序。

14-2　简述常用绘图函数的用法及语法形式。

第十五章

二维图形的程序设计

第一节　二维图形程序设计概述

一、二维图形程序设计的特点

1. 程序设计采用模块化处理

模块化程序设计是指把一个程序分成几个部分，每一部分的编写、测试可以独立于主程序，使程序的编写和维护更容易，便于设计优良的程序。工程图样中一般的图形都是由若干个简单几何图形构成的，而简单几何图形又是由点、线、弧等最基本的几何元素构成的。这种图形的层次结构有助于编写计算机绘图程序，生成各种各样的图形。图形中一层子图形可由一个程序模块生成，整个图形由全部程序模块生成。

2. 数学处理程序是二维图形程序的核心

计算机绘图是用数学方法建立图形的数学模型，然后编写成绘图程序，输入计算机，通过运算再输出信息，最后控制绘图仪等图形输出设备绘制图形。可以说，绘图问题的关键是数学问题，图形的数学处理程序是二维图形程序的核心。

二、绘图程序设计的一般步骤

1. 分析图形的层次结构

分析图形的层次结构即进行图形数学处理，把形数联系起来，建立图形的数学模型。

2. 程序框图设计

程序框图设计是表达程序设计思想的一种手段，用不同的符号（图形）来表达不同的过程，这些简单的符号按设计思想排列起来就形成了程序框图。根据程序框图编写程序既省时又不易出错，所以，编写程序前一般都要先画出程序框图。关于程序框图的知识请参考有关计算机编程的书籍。

3. 程序编写

恰当地选择和应用程序设计语言，注意程序设计的技巧，从整体出发，考虑主程序、子程序的编写及用好基础绘图软件。

4. 上机调试、修改和运行

程序编好以后，需要多次上机调试及修改，才能使得程序更加简洁、合理。

第二节 正多边形及规则曲线的程序设计

一、正多边形

正多边形是工程图样中常用的几何图形，它们有共同的几何特点：均内接于圆周且顶点是圆周上的等分点。因此，各种正多边形各顶点坐标的计算方法和作图方法基本相同，可编制绘制正多边形的通用子程序。

例 15-1　编写绘制正 n 边形的程序。

算法分析：如图 15-1 所示，设正多边形外接圆半径为 r，中心坐标为 (x_0, y_0)，每边所对圆心角为 $\alpha = 2\pi/n$，则第 i 个等分点的坐标为 $\begin{cases} x_i = x_0 + r\cos(i\alpha) \\ y_i = y_0 + r\sin(i\alpha) \end{cases}$

（1）程序编写如下：

1）添加保护成员变量。

```
protected：
    float cenx,ceny,r;
    float x,y;
    int i,n;
```

2）构造函数中初始化成员变量。

```
CMydraw1View：:CMydraw1View()
{
    // TODO：add construction code here
    cenx = 300;
    ceny = 200;
    r = 100;
    x = y = 0;
    i = 0;
    n = 0;
}
```

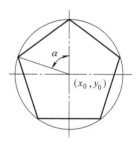

图 15-1　算法分析（一）

3）修改 OnDraw 函数。

```
void CMydraw1View：:OnDraw(CDC * pDC)
{
    CMydraw1Doc * pDoc = GetDocument();
    ASSERT_VALID(pDoc);
    Drawgraphics();
    // TODO：add draw code for native data here
}
```

4）定义函数 Drawgraphics。

```
void CMydraw1View：:Drawgraphics()
{
    CClientDC  * pDC = new CClientDC(this);
```

```
    pDC->Ellipse( CRect( cenx-r,ceny-r,cenx+r,ceny+r) );
    pDC->MoveTo( cenx,ceny-r);
    for( i = 1;i< = n;i++) {
        x = cenx+r * cos( PI/2. 0+i * 2 * PI/n);
        y = ceny-r * sin( PI/2. 0+i * 2 * PI/n);
        pDC->LineTo( x,y);
    }
    delete pDC;
}
```

5) 构造对话框函数。

```
void CMydraw1View::OnN( )
{
    // TODO:Add your command handler code here
    mydialog dlg;
    if( dlg. DoModal( ) = = IDOK) {
        n = dlg. m_n;
    }
    else n = 6;
    Invalidate( );
}
```

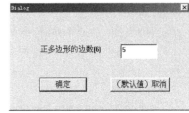

图 15-2　参数设置对话框

该函数产生的参数设置对话框如图 15-2 所示。

（2）视图类及自定义的对话框类的头文件（.h）和源文件（.cpp）代码如下：

```
// mydraw1View. h : interface of the CMydraw1View class
/////////////////////////////////////////////////////
#if ! defined( AFX_MYDRAW1VIEW_H_0CBF7774_6CDD_48F0_9A3A_5B8D51F5D302_INCLUDED_)
#define AFX_MYDRAW1VIEW_H_0CBF7774_6CDD_48F0_9A3A_5B8D51F5D302_INCLUDED_
#if _MSC_VER > 1000
#pragma once
#endif // _MSC_VER > 1000
class CMydraw1View : public CView
{
protected: // create from serialization only
    CMydraw1View( );
    DECLARE_DYNCREATE( CMydraw1View)
    float cenx,ceny,r;
    float x,y;
    int i,n;
// Attributes
public:
    CMydraw1Doc * GetDocument( );
// Operations
public:
```

```
        // Overrides
            // ClassWizard generated virtual function overrides
            //{{AFX_VIRTUAL(CMydraw1View)
            public:
            virtual void OnDraw(CDC * pDC);   // overridden to draw this view
            virtual BOOL PreCreateWindow(CREATESTRUCT& cs);
            protected:
            virtual BOOL OnPreparePrinting(CPrintInfo * pInfo);
            virtual void OnBeginPrinting(CDC * pDC, CPrintInfo * pInfo);
            virtual void OnEndPrinting(CDC * pDC, CPrintInfo * pInfo);
            //}}AFX_VIRTUAL
        // Implementation
        public:
            virtual CMydraw1View();
        #ifdef _DEBUG
            virtual void AssertValid() const;
            virtual void Dump(CDumpContext& dc) const;
        #endif
        protected:
        // Generated message map functions
        protected:
            void Drawgraphics();
            //{{AFX_MSG(CMydraw1View)
            afx_msg void OnN();
            //}}AFX_MSG
            DECLARE_MESSAGE_MAP()
        };
        #ifndef _DEBUG   // debug version in mydraw1View. cpp
        inline CMydraw1Doc * CMydraw1View::GetDocument()
            {return (CMydraw1Doc * )m_pDocument;}
        #endif
        /////////////////////////////////////////////////////////////
        //{{AFX_INSERT_LOCATION}}
        // Microsoft Visual C++ will insert additional declarations immediately before the previous line.
        #endif
// ! defined(AFX_MYDRAW1VIEW_H_0CBF7774_6CDD_48F0_9A3A_5B8D51F5D302_INCLUDED_)
        // mydraw1View. cpp : implementation of the CMydraw1View class
        //
        #include "stdafx. h"
        #include "mydraw1. h"

        #include "mydraw1Doc. h"
        #include "mydraw1View. h"
```

```
#include "mydialog. h"
#include "math. h"
#define PI 3. 1415926


#ifdef _DEBUG
#define new DEBUG_NEW
#undef THIS_FILE
static char THIS_FILE[] = __FILE__;
#endif
/////////////////////////////////////////////////////////////
// CMydraw1View
IMPLEMENT_DYNCREATE(CMydraw1View, CView)
BEGIN_MESSAGE_MAP(CMydraw1View, CView)
    //||AFX_MSG_MAP(CMydraw1View)
    ON_COMMAND(IDM_N, OnN)
    //||AFX_MSG_MAP
    // Standard printing commands
    ON_COMMAND(ID_FILE_PRINT, CView::OnFilePrint)
    ON_COMMAND(ID_FILE_PRINT_DIRECT, CView::OnFilePrint)
    ON_COMMAND(ID_FILE_PRINT_PREVIEW, CView::OnFilePrintPreview)
END_MESSAGE_MAP()
/////////////////////////////////////////////////////////////
// CMydraw1View construction/destruction
CMydraw1View::CMydraw1View()
{
    // TODO: add construction code here
    cenx = 300;
    ceny = 200;
    r = 100;
    x = y = 0;
    i = 0;
    n = 0;
}
CMydraw1View::CMydraw1View()
{
}
BOOL CMydraw1View::PreCreateWindow(CREATESTRUCT& cs)
{
    // TODO: Modify the Window class or styles here by modifying
    //   the CREATESTRUCT cs
    return CView::PreCreateWindow(cs);
}
/////////////////////////////////////////////////////////////
```

```
// CMydraw1View drawing
void CMydraw1View::OnDraw(CDC * pDC)
{
    CMydraw1Doc * pDoc = GetDocument();
    ASSERT_VALID(pDoc);
    Drawgraphics();
    // TODO: add draw code for native data here
}
/////////////////////////////////////////////////////////////////////////
// CMydraw1View printing
BOOL CMydraw1View::OnPreparePrinting(CPrintInfo * pInfo)
{
    // default preparation
    return DoPreparePrinting(pInfo);
}
void CMydraw1View::OnBeginPrinting(CDC * /* pDC */, CPrintInfo * /* pInfo */)
{
    // TODO: add extra initialization before printing
}
void CMydraw1View::OnEndPrinting(CDC * /* pDC */, CPrintInfo * /* pInfo */)
{
    // TODO: add cleanup after printing
}
/////////////////////////////////////////////////////////////////////////
// CMydraw1View diagnostics
#ifdef _DEBUG
void CMydraw1View::AssertValid() const
{
    CView::AssertValid();
}
void CMydraw1View::Dump(CDumpContext& dc) const
{
    CView::Dump(dc);
}
CMydraw1Doc * CMydraw1View::GetDocument() // non-debug version is inline
{
    ASSERT(m_pDocument->IsKindOf(RUNTIME_CLASS(CMydraw1Doc)));
    return (CMydraw1Doc *)m_pDocument;
}
#endif //_DEBUG
/////////////////////////////////////////////////////////////////////////
// CMydraw1View message handlers
void CMydraw1View::Drawgraphics()
```

```
{
    CClientDC * pDC = new CClientDC( this) ;
    pDC->Ellipse( CRect( cenx-r,ceny-r,cenx+r,ceny+r) ) ;
    pDC->MoveTo( cenx,ceny-r) ;
    for( i = 1;i <= n;i++) {
        x = cenx+r * cos( PI/2. 0+i * 2 * PI/n) ;
        y = ceny-r * sin( PI/2. 0+i * 2 * PI/n) ;
        pDC->LineTo( x,y) ;
    }
    delete pDC ;
}
void CMydraw1View: :OnN( )
{
    // TODO: Add your command handler code here
    mydialog dlg ;
        if( dlg. DoModal( ) = = IDOK) {
        n = dlg. m_n ;
    }
    else n = 6 ;
    Invalidate( ) ;
}
#if ! defined( AFX_MYDIALOG_H__31B055B7_16A9_4031_96A9_BCA404241AAA__INCLUDED_)
#define AFX_MYDIALOG_H__31B055B7_16A9_4031_96A9_BCA404241AAA__INCLUDED_
#if _MSC_VER > 1000
#pragma once
#endif // _MSC_VER > 1000
// mydialog. h : header file
//
/////////////////////////////////////////////////////////
// mydialog dialog
class mydialog : public CDialog
{
// Construction
public:
    mydialog( CWnd * pParent = NULL) ;   // standard constructor
// Dialog Data
    //{{AFX_DATA( mydialog)
    enum { IDD = IDD_DIALOG1 } ;
    floatm_n ;
    //}}AFX_DATA
// Overrides
    // ClassWizard generated virtual function overrides
    //{{AFX_VIRTUAL( mydialog)
```

```
        protected：
        virtual void DoDataExchange(CDataExchange * pDX)；        // DDX/DDV support
        //}}AFX_VIRTUAL
// Implementation
protected：

        // Generated message map functions
        //{{AFX_MSG(mydialog)
            // NOTE：the ClassWizard will add member functions here
        //}}AFX_MSG
        DECLARE_MESSAGE_MAP()
};
//{{AFX_INSERT_LOCATION}}
// Microsoft Visual C++ will insert additional declarations immediately before the previous line.
#endif
// ! defined(AFX_MYDIALOG_H_31B055B7_16A9_4031_96A9_BCA404241AAA_INCLUDED_)


// mydialog. cpp：implementation file
//
#include "stdafx. h"
#include "mydraw1. h"
#include "mydialog. h"
#ifdef _DEBUG
#define new DEBUG_NEW
#undef THIS_FILE
static char THIS_FILE[] = _FILE_;
#endif
//////////////////////////////////////////////////////////////
// mydialog dialog
mydialog::mydialog(CWnd * pParent /* = NULL */)
    ：CDialog(mydialog::IDD, pParent)
{
    //{{AFX_DATA_INIT(mydialog)
    m_n = 0. 0f;
    //}}AFX_DATA_INIT
}
void mydialog::DoDataExchange(CDataExchange * pDX)
{
    CDialog::DoDataExchange(pDX)；
    //{{AFX_DATA_MAP(mydialog)
    DDX_Text(pDX, IDC_EDIT1, m_n)；
    //}}AFX_DATA_MAP
}
BEGIN_MESSAGE_MAP(mydialog, CDialog)
```

```
//{{AFX_MSG_MAP(mydialog)
    // NOTE：the ClassWizard will add message map macros here
//}}AFX_MSG_MAP
END_MESSAGE_MAP()
```

///

// mydialog message handlers

程序运行结果如图 15-3 所示。

例 15-2　绘制图 15-4 所示的由多个正多边形组成的图形。

算法分析：利用正多边形的外角，即每画一条边，就把边的倾角增加一个外角度数 da，如图 15-5 所示。

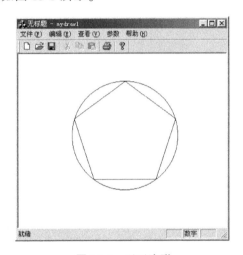

| 图 15-3　正五边形 | 图 15-4　正多边形组合图案 |

程序编写如下：

1）在 class CMydraw2View 中定义保护成员变量。

```
protected：
    float da；
    int n；
```

2）在构造函数中赋初值。

```
CMydraw2View::CMydraw2View()
{   // TODO：add construction code here
    n=3；
    da=PI*2.0/n；
}
```

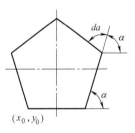

图 15-5　算法分析（二）

3）修改 OnDraw 函数。

```
void CMydraw2View::OnDraw(CDC * pDC)
{
    CMydraw2Doc *  pDoc = GetDocument()；
    ASSERT_VALID(pDoc)；
    for(int i=3；i<=12；i++){
        Drawgraphics(350,400,100,i)；
```

```
    }
        // TODO：add draw code for native data here
}
```

4）定义 Drawgraphics 函数。

```
void CMydraw2View：：Drawgraphics(float x0, float y0, float r, int n)
{
    float a,x2,y2；
    int i；
    a＝0；
    da＝PI＊2.0/n；
    CClientDC ＊pDC＝new CClientDC(this)；
    for(i＝0；i<n；i++){
        x2＝x0-r＊cos(a)；
        y2＝y0-r＊sin(a)；
        pDC->MoveTo(x0,y0)；
        pDC->LineTo(x2,y2)；
        x0＝x2；
        y0＝y2；
        a+＝da；
    }
    delete pDC；
}
```

二、规则曲线的程序设计

工程中的规则曲线，如圆锥曲线、三角函数曲线、渐开线、摆线、螺旋线等，都可以用参数方程描述。曲线上的每一个分点，对应一个参数，根据不同的参数值，即可计算出曲线上各点的坐标值。下面举例说明规则曲线的绘制。

1. 圆的渐开线

图 15-6 所示反映了基圆与渐开线的几何关系。设圆心坐标为 (x,y)，半径为 R，由几何关系可知，$PC = \overset{\frown}{AC} = Ra$，作 PD 平行于 x 轴，$CB \perp x$ 轴，因为 $\angle PCB = \angle AOC = a$，渐开线上点的坐标为 $\begin{cases} x = OB + DP \\ y = BC - CD \end{cases}$，即 $\begin{cases} x = R\ (\cos a + a\sin a) \\ y = R\ (\sin a - a\cos a) \end{cases}$，一般取步长 $da = 3°$，所绘制的渐开线就比较光滑。

程序编写如下：

1）修改 OnDraw 函数。

```
void CMydraw3View：：OnDraw(CDC ＊pDC)
{
    CMydraw3Doc ＊pDoc ＝ GetDocument()；
    ASSERT_VALID(pDoc)；
    Drawgraphics()；
    // TODO：add draw code for native data here
```

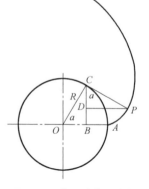

图 15-6 渐开线算法分析

}

2）定义 Drawgraphics 函数。

```
void CMydraw3View::Drawgraphics( )
{
    float r,a,da,x,y;
    da=PI * 3.0/180;
    r=50;
    CClientDC  * pDC=new CClientDC(this);
    pDC->SelectStockObject(NULL_BRUSH);
    pDC->Ellipse(CRect(300-r,300-r,300+r,300+r));
    pDC->MoveTo(300+r,300);
    for(a=0;a<=PI;a+=da){
        x=300+r * (cos(a)+a * sin(a));
        y=300-r * (sin(a)-a * cos(a));
        pDC->LineTo(x,y);
    }
    delete pDC;
}
```

程序运行结果如图 15-7 所示。

2. 肾形图

图 15-8 所示是由一系列按一定规律变化的圆组成的图案，这些圆的圆心均匀分布在半径为 R 的圆上，而每一个圆周的半径为该圆圆心的 x 坐标的绝对值。如果圆的个数为 N，其圆心的坐标及半径分别为 $\begin{cases} x_i = R\cos(i \cdot 2\pi/N) \\ y_i = R\sin(i \cdot 2\pi/N) \end{cases}$，$r_i = |x_i|$

程序编写如下：

1）修改 OnDraw 函数。

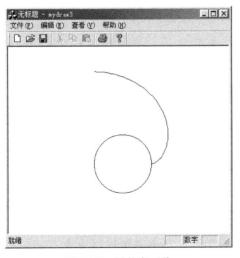

图 15-7 圆的渐开线

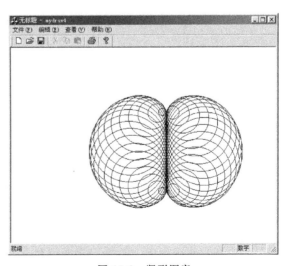

图 15-8 肾形图案

```
void CMydraw4View::OnDraw(CDC * pDC)
{

    CMydraw4Doc * pDoc = GetDocument();
    ASSERT_VALID(pDoc);
    Drawgraphics();
    // TODO: add draw code for native data here

}
```

2）定义 Drawgraphics 函数。

```
void CMydraw4View::Drawgraphics()
{

    double r,theta,x,y,rr;
    int i,n;
    r = 80;
    n = 45;
    theta = 2.0 * PI/n;
    CClientDC * pDC = new CClientDC(this);
    pDC->SelectStockObject(NULL_BRUSH);
    for(i = 0;i<n;i++){
        x = r * cos(i * theta);
        y = r * sin(i * theta);
        rr = sqrt(x * x);
        x = 320+x;
        y = 210-y;
        pDC->Ellipse(CRect(x-rr,y-rr,x+rr,y+rr));
    }
    delete pDC;

}
```

第三节　两种常用的二维图形程序设计方法

一、子图形组合法

　　空间物体的结构形状是千变万化的，其视图也各不相同。用计算机绘制它们的视图时，一般不采用一条线一条线地描绘的方法，因为这样会使程序冗长。可将物体视图分解成若干个子图形，以参数化的形式编写成相应的绘图子程序，由一个个子图形组合构成物体的视图。这样不仅可以根据设计草图由计算机绘图系统绘制出图样，更重要的是可在显示屏上交互式设计物体的视图。现以绘制传动轴的视图为例，说明采用子图形组合法绘制物体视图的程序设计方法。

　　机械传动中使用的各种传动轴一般是由基本轴段组合而成的。故传动轴的视图，也是由相应的轴段图形组合生成。如图 15-9 所示，传动轴视图是由几个子图形拼成的。每一轴段子图形按参数化设计子程序，不仅可以改变子图形的大小，还可以变动在屏幕上的位置。当然在满足功能要求的情况下，参数个数要尽量少。

一般地，每种轴段可由以下六个基本参数确定：

x_0 和 y_0：轴段端面中心点的坐标；

D：轴段的外径；

L：轴段的长度；

ZMH：轴段的代号；

TC：特征参数。$TC = 1$，从左向右绘制指定的轴段图形；$TC = -1$，从右向左绘制指定的轴段图形。

下面以图 15-10 所示的带圆角的轴段为例介绍程序设计的过程。

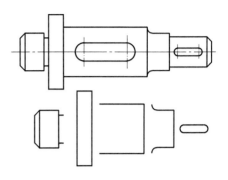

图 15-9　轴及其子图形

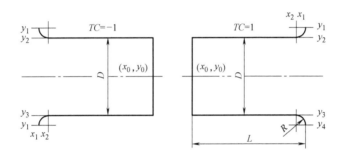

图 15-10　带圆角的轴段

程序编写如下：

1）在 class CMydraw5View 中添加保护成员变量。

protected：

```
float x0,y0,d,l,r,tc；
```

2）初始化变量。

```
CMydraw5View：：CMydraw5View（）
{
    // TODO：add construction code here
    x0 = 300；
    y0 = 200；
    d = 0；
    l = 0；
    r = 0；
    tc = 1；
}
```

3）修改 OnDraw 函数。

```
void CMydraw5View：：OnDraw（CDC * pDC）
{
    CMydraw5Doc * pDoc = GetDocument（）；
```

```
    ASSERT_VALID(pDoc);
    Drawgraphics(x0,y0,d,l,r,tc);
    // TODO：add draw code for native data here
}
```

4）定义 Drawgraphics 函数。

```
void CMydraw5View::Drawgraphics(float x0, float y0, float d, float l, float r, float tc)
{
    float x1,x2,y1,y2,y3,y4,af;
    x1 = x0+tc * l;
    x2 = x0+tc * (l-r);
    y1 = y0+tc * (d/2+r);
    y2 = y0+tc * d/2;
    y3 = y0-tc * d/2;
    y4 = y0-tc * (d/2+r);
    af = (1-tc) * 90;

    CClientDC * pDC = new CClientDC(this);
    MyArc(x2,y1,af,af+90,r);
    pDC->MoveTo(x2,y2);
    pDC->LineTo(x0,y2);
    pDC->LineTo(x0,y3);
    pDC->LineTo(x2,y3);
    MyArc(x2,y4,af-90,af,r);
    delete pDC;
}
```

5）定义 MyArc 函数。

```
void CMydraw5View::MyArc(float x, float y, float anglestart, float angleend, float r)
{
    CPoint ptstart(x+r * cos(anglestart * PI/180),y-r * sin(anglestart * PI/180));
    CPoint ptend(x+r * cos(angleend * PI/180),y-r * sin(angleend * PI/180));
    CClientDC * pDC = new CClientDC(this);
    pDC->Arc(CRect(x-r,y-r,x+r,y+r),ptstart,ptend);
    delete pDC;
}
```

6）定义参数设置对话框函数。

```
void CMydraw5View::OnCanshu()
{
    // TODO：Add your command handler code here
    mydialog dlg;

    if(dlg. DoModal() == IDOK){
        x0 = dlg. m_x0;
```

```
        y0 = dlg. m_y0;
        d = dlg. m_d;
        l = dlg. m_l;
        r = dlg. m_r;
        tc = dlg. m_tc;
    }
    else
    {   x0 = 300;
        y0 = 200;
        d = 100;
        l = 200;
        r = 20;
        tc = 1;
    }
    Invalidate( );
}
```

该程序生成的参数设置对话框如图 15-11 所示，$TC = 1$ 时的轴段如图 15-12 所示。

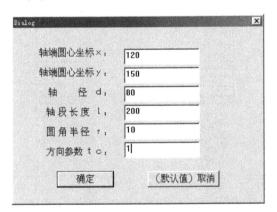

图 15-11　轴段参数设置对话框

图 15-12　轴段

根据生产图样的统计，构成传动轴的常用轴段有 15 种，如表 15-1 所示。定义每种轴段的名称、子图形和代号输入参数变量，程序按模块化结构设计，建立一个传动轴的基本轴段子程序库。

表 15-1　15 种常用轴段的子图形

子模块号(ZMH)	1(圆柱轴段)	2(单面倒角轴段)	3(双面倒角轴段)
	![圆柱轴段] L，(x_0, y_0)，D	![单面倒角轴段] L，(x_0, y_0)，D，$C \times 45°$	![双面倒角轴段] L，(x_0, y_0)，D，$C \times 45°$
参数	x_0, y_0, D, L, TC	x_0, y_0, D, L, TC	x_0, y_0, D, L, TC

（续）

子模块号（ZMH）	4（退刀槽轴段）	5（退刀槽轴段二）	6（退刀槽轴段三）
参数	x_0,y_0,D,L,TC	x_0,y_0,D,L,TC	x_0,y_0,D,L,TC
子模块号（ZMH）	7（带圆角轴段）	8（螺纹轴段）	9（圆锥轴段）
参数	x_0,y_0,D,L,TC	x_0,y_0,M,L,TC	x_0,y_0,D,L,NO（锥度）
子模块号（ZMH）	10（键槽剖面图）	11（开口槽轴段）	12（蜗杆轴段）
参数	x_0,y_0,D,L_0,TC,B	x_0,y_0,L,L_0,TC	x_0,y_0,D,D_0,L,TC
子模块号（ZMH）	13（花键轴段一）	14（花键轴段二）	15（齿轮轴段）
参数	x_0,y_0,D,L,L_0,N（齿数）$,B,TC$	x_0,y_0,D,L,N（齿数）$,TC$	x_0,y_0,D,L,m,z,TC

二、几何形状参数法

有许多零件的几何结构相同，只是几何尺寸有所差别，如常用的标准件：螺纹紧固件、轴承、键、销、齿轮、弹簧等。这些零件上的全部或部分尺寸参数是国家标准规定的，在绘制工程图样时，各部分的几何尺寸一般与其上的主要参数成一定比例关系。在计算机绘图时，可完全依据这种关系进行程序设计，这种程序设计方法称为几何形状参数法。

例如在进行绘制螺栓的程序设计时，就以螺栓上的螺纹大径为参数，确定其他各部分的几何形状尺寸，如图 15-13 所示。

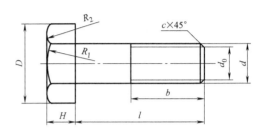

图 15-13 螺栓

其各部分的尺寸为 $H = 0.7d$，$D = 2d$，$b = 2d$，$d_0 = 0.85d$，$c = 0.1d$，$R_1 = 1.5d$，$R_2 = 0.3d$。利用直线点绘图参数，即可完成程序设计，请读者自行完成程序编写。

习　题

15-1　编程绘制由外接圆半径为 100mm 的正三角形至六边形组合的图形，如图 15-14 所示。

15-2　编程绘制图 15-15 所示的六个内切圆，最小半径为 30mm，以后每圆半径增加 20mm。

15-3　编写表 15-1 中轴段 5 的子程序。

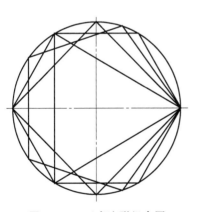

图 15-14　正多边形组合图

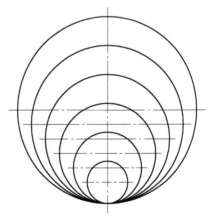

图 15-15　内切圆

第十六章

Visual LISP基础与应用

Auto LISP 是为 AutoCAD 的专业用户进行应用开发而设计的编程语言，是许多人工智能程序的基础。20世纪80年代中期，从 AutoCAD R2.1 起，内嵌了 Auto LISP 作为 AutoCAD 应用程序的主要编程接口（API），成为 AutoCAD 中的第一个专业用户程序开发工具。

Auto LISP 是符号-函数式语言，数据和函数都用符号表达，这就使得程序设计极其灵活。Autodesk 公司为了增强 Auto LISP 程序开发能力自 AutoCAD R14 开始使用 Visual LISP，而设计的软件工具。Visual LISP 的集成开发环境（IDE）提供了很多功能，使 Auto LISP 在程序设计中编写、修改和调试程序变得更加容易。Visual LISP 的集成开发环境包括：

1）语法检查器。

2）文件编译器。

3）源代码调试器。

4）文字编辑器。

5）Visual LISP 格式编排程序。

6）全面的检验和监视功能。

7）上下文相关帮助。

8）工程管理系统。

9）文件打包。

10）桌面保存和恢复能力。

11）智能化控制台窗口。

第一节　Visual LISP 用户界面

要启动 Visual LISP，必须首先启动 AutoCAD 2019，启动 Visual LISP 的方法有如下三种：

1）在 AutoCAD 2019 的"工具"下拉菜单中选择"Auto LISP"选项，然后在弹出的菜单中选择"Visual LISP 编辑器"选项。

2）在命令提示符后输入"vlisp"并按回车或空格键。

3）在命令提示符后输入"vlide"并按回车或空格键。

启动 Visual LISP 后，弹出 Visual LISP 编辑器窗口，如图 16-1 所示。

一、菜单栏

用户可以通过选择各个菜单项来执行 Visual LISP 命令。如果选择了菜单栏中的某一菜

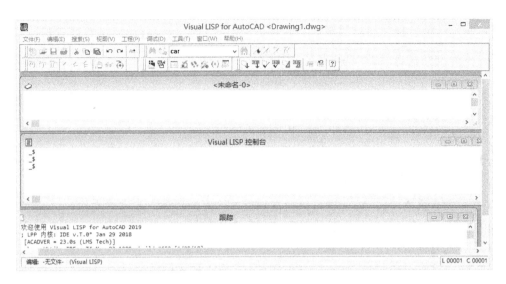

图 16-1　Visual LISP 编辑器窗口

单项，将在窗口底部的状态栏中显示相关命令功能的简介。菜单栏中各个菜单项的功能如表 16-1 所示。

表 16-1　菜单项功能

菜单项	功　　能
文件	创建新的 AutoLISP 程序文件以供编辑，打开现有文件，保存程序文件的改动，生成 Visual LISP 应用程序文件或打印程序文件等
编辑	放弃最近所做的文本修改(或放弃在控制台窗口中最近输入的命令)，复制和粘贴文本，选择 Visual LISP 编辑窗口或控制台窗口中的文本，匹配表达式中的括号或重新显示控制台窗口中以前输入的命令等
搜索	查找和替换文本字符串，设置书签，利用书签导航等
视图	查找和显示 AutoLISP 代码中的变量和符号值，实现工具栏的显示和隐藏等
工程	使用工程和生成程序
调试	设置和删除程序中的断点，单步执行程序，还可检查变量状态和表达式结果
工具	设置 Visual LISP 文本格式化选项和各种环境选项
窗口	设置当前 Visual LISP 对话中显示的窗口或激活另一个 Visual LISP 或 AutoCAD 窗口等
帮助	显示在线帮助

二、工具栏

单击工具栏中的按钮可以直接执行相应的 Visual LISP 命令。Visual LISP 中一共有五个工具栏：Standard、Search、Tools、Debug 和 View，各自代表不同功能的 Visual LISP 命令组。

三、控制台窗口

控制台窗口是一个独立的，内容可滚动的窗口。在控制台窗口中可以输入和运行 Auto

LISP 命令。并观察结果。这和 AutoCAD 命令窗口类似。不同的是，在两个窗口中完成同样的任务时操作不太一样。例如，要显示变量的当前值，在 Visual LISP 中只需在控制台窗口中键入变量名并按回车键即可，而在 AutoCAD 的命令窗口中，还必须在变量名前加一个叹号。

在控制台窗口中将显示 AutoLISP 运行诊断信息和一些 AutoLISP 函数的结果。下面是控制台窗口的一些主要功能。

1）执行表达式并显示表达式的返回值。

2）可输入较长的表达式，每行用<Ctrl+Enter>键结束即可继续在下一行接着输入。

3）在控制台窗口和文本编辑窗口之间复制和粘贴文本。

4）在控制台窗口中按<Tab>键可以回溯到以前输入的命令。还可多次按<Tab>键回溯到更早以前输入的命令。按<Shift+Tab>键则可以反向回溯命令。

5）在控制台窗口中按<Tab>键还可以实现对输入历史的关联搜索。例如，如果在输入了"（Te"之后按<Tab>键，Visual LISP 将回溯到最近输入的那个以"（Te"开头的命令。

6）按<Esc>键将消除在控制台提示下刚才输入的内容。

7）按<Shift+Esc>键将跳过在控制台提示下输入的内容，出现新的控制台提示行。

8）在控制台窗口的任何地方单击鼠标右键或按<Shift+F10>键将显示控制台弹出菜单。

四、状态栏

位于 Visual LISP 窗口底部的状态栏中显示的信息将实时关联 Visual LISP 中所做的工作。

五、跟踪窗口

默认情况下，跟踪窗口是最小化的。在启动时，该窗口会包含 Visual LISP 当前版本的信息，如果 Visual LISP 在启动时遇到错误，它还会包含相应的错误信息。

六、文本编辑器

Visual LISP 具有专门的文本编辑器。每打开一个文件，将新开一个文本编辑器窗口，并在这个窗口的状态栏上显示文件名。Visual LISP 文本编辑器不仅是一个书写工具，还是 Visual LISP 编程环境的核心部分。下面是文本编辑器的一些主要特色功能。

1. 语法结构分色

文本编辑器可以识别 AutoLISP 程序的不同部分并给它们指定各自的颜色，用户可方便地找到程序的某些组成部分（如函数名或变量名），并找到拼写错误。

2. 设置文本格式

文本编辑器可以设置 AutoLISP 代码的格式，使代码易于阅读。

3. 括号匹配

AutoLISP 代码中包含很多括号，文本编辑器可以通过查找与任意开括号匹配的闭括号来帮助用户检测括号匹配。

4. 执行 AutoLISP 表达式

不必离开文本编辑器就可以试运行某个表达式和任意一行代码。

5. 多文件查找

文本编辑器用单个命令就可以在多个文件中查找某个词或表达式。

6. AutoLISP 代码的语法检查

文本编辑器可以对 AutoLISP 代码进行求值并亮显语法错误。

第二节　Visual LISP 的基本操作

一、Visual LISP 程序的加载与运行

AutoLISP 程序的加载和运行步骤如下：

1）在"文件"下拉菜单中选择"打开文件"选项，弹出【打开文件编辑/查看】对话框。在 AutoCAD 2019/Sample/VisualLISP 中找到"drawline. lsp"文件。

2）选择"drawline. lsp"文件，单击对话框中的"打开（O）"按钮，打开该文件。图 16-2 所示为文本编辑器窗口。

图 16-2　文本编辑器窗口

3）在"工具"下拉菜单中选择"加载编辑器中的文字"选项，或者在工具栏中按 按钮。Visual LISP 将在控制台窗口中显示如图 16-3 所示的信息，表明已加载该程序。

图 16-3　程序成功加载

4）在控制台提示符"_$"下输入"drawline"，按回车键后就可以运行 drawline 函数，如图 16-4 所示。

执行命令后将回到 AutoCAD 绘图系统，系统提示"输入直线的起点"，按程序的提示做出相应的响应，完成直线的绘制。

图 16-4　执行 drawline 函数

程序执行完毕后，返回 Visual LISP 窗口。

二、退出 Visual LISP

若需要退出 Visual LISP 环境，选择"文件"下拉菜单中的"退出"选项或者单击 Visual LISP 窗口右上角的 ✖ 按钮关闭 Visual LISP。如果修改了某 Visual LISP 文本编辑器窗口中的代码而没有保存这些修改，在退出 AutoCAD 时，系统会询问是否保存这些修改。Visual LISP 可以保存关闭前的状态，再次启动 Visual LISP 时，将自动打开这些文件和窗口。

第三节　Visual LISP 的数据类型

一、整型常数

整型常数只能由 +、−、0 ~ 9 这 12 个字符组成，其取值范围为 − 2147483648 ~ 2147483647。整数在计算机内是精确表示的，运算速度较快，故在整数取值范围内的数据应尽量定义为整型。

二、实型常数

实型常数简称实数，是带小数部分的数。在 Visual LISP 中，实数通常表示为小数形式或指数形式。

小数形式表示为 ±xxxx.xxxx，当为正数时，数字序列前的正号可以省略。指数形式表示为 ±x.xxxxxE±xxx，最前面的正负号是实数本身的符号。

三、字符型常数

字符型常数又称为字符串，由带双引号的字符序列组成。双引号称为字符串的定界符。字符串中字符的数目（不包括两个定界符）称为字符串的长度。字符型常数最多只能包含 100 个字符，不包含任何字符的字符串（只是两个相邻的双引号）称为空串，空串的长度为 0。字符串中字母的大小写和空格是有意义的，如"Visual LISP"和"visuallisp"就是两个不同的字符串。

四、符号

Visual LISP 把任何数据都看成是被求值的数据。符号也是一种数据，又称为变量。符号是函数和变量的名字，一般由字母、数字组成，但必须以字母打头。

变量用来储存数据。同高级语言不同的是，Visual LISP 中的变量没有固定的数据类型。Visual LISP 中一个变量的类型是由它当前所存储的数据类型决定的。

在 Visual LISP 中，变量名最长可达 100 个字符。变量名中大小写字母是等效的，但不能使用系统内部函数名及保留字符。保留字符如表 16-2 所示。

表 16-2　Visual LISP 保留字符

保留字符	含　义	保留字符	含　义
~、*、=、>、<、+、-、√	内部函数名	'	Quote 函数简写
.	点的标记	"　"	字符串定界符
;	注释符号	<SPACE>	数据项分隔
( )	表定界符		

变量名最好不要使用如 "^" "\" "!" "?" 等控制字符。Visual LISP 提供了 3 个预定义变量：Pi（相当于圆周率 π）、Pause（相当于字符串 "\"，在 Command 命令中用来暂停 AutoCAD 命令的执行）、T（相当于高级语言的 true，用作非空值，即非 nil）。

五、原子

原子是指不可再分的元素。例如，平面内一点的坐标可以分为两个元素，即 x 值和 y 值，而 x、y 不可再分，所以称为原子。同样，符号也是原子。符号和常数统称为原子。T 和 nil 是两个特殊原子，这两个原子的值预先设置为 T 和 nil，相当于逻辑上的真和假。

六、表

表是放在一对圆括号中的一个元素或用空格分隔的多个元素。表中的元素可以是内部函数或用户自定义的函数，也可以是整型数据、实型数据、字符型数据，甚至是表自身。LISP 是 List Processing 的缩写，本身的含义就是表处理。表是 LISP 语言处理的对象，是 Visual LISP 的基本数据结构。

表有两种类型，一种类型供求值使用，一种类型用来存放数据。当表的第一个元素是一个内部函数名或用户自定义的函数名时，表就是一个等待求值的表达式。例如，$A = C + B$ 在 Visual LISP 中可表示为（setqA（+ B C））。存放数据的表类似于高级语言中的数组，但同一个表中可以存放不同类型的数据。例如，平面中一点在 Visual LISP 中表示为（2.0000 5.0000），而一个零件的编号、名称和单价可表示为（0091 "bolt" 30）。

表中的数据通过下标进行访问，编号从 0 开始。例如，可以用（nth i list）取出表 "list" 中第 i 个元素。

七、文件描述符

文件描述符是在打开一个文件时由 Visual LISP 赋予该文件的一个字母数字代码。用户可以使用文件描述符对相应的文件进行读写。例如，要对当前目录下的 Data 文件进行读写，就必须先用 Open 内部函数将该文件打开，获取该文件的描述符：（setq file1（open "data" "w"）），在读写完数据后要用 Close 内部函数关闭该文件：（close file1）。

八、实体名

实体名是为 Visual LISP 访问 AutoCAD 实体专门设置的一种特殊数据类型。实体名是 Visual LISP 赋予 AutoCAD 图形中实体的一个十六进制代码，它实际上是由 AutoCAD 图形编辑程序维护的一个文件指针。根据这个指针，Visual LISP 可以找到该实体的数据库记录。实体名由 Visual LISP 提供的一组内部函数进行操作。例如，可以用 Entlast 函数得到图形中最后一个主实体的实体名：（setq el（entlast））。

九、选择集

选择集是为 Visual LISP 访问 AutoCAD 一个或多个实体的集合而专门设置的一种数据类型。可以用选择集操作函数来构造选择集、求出选择集中主实体的个数、按序号得到其中一个实体名或是把一个实体从选择集中删除等。例如，可以用以下语句选择"Layer01"图层上所有红色线：

（setq ss（ssget "x"（list（cons 0 "line"）（cons 8 "layer01"）（cons 62 1）））））

第四节 Visual LISP 的基本函数

一、算术运算函数

1. 累加函数（+）
语法：（+ num1 num2 num3 …numi）
功能：求任意个整数和实数的和。
样例：_ $ （+ 2 5）　　　　　　返回：7

2. 累减函数（-）
语法：（-num1 num2 num3 …numi）
功能：如果只有一个参数（-num1），相当于取与 num1 符号相反的数；如果有多个参数，相当于 num1-num2-num3-…-numi。
样例：_ $ （-5 3）　　　　　　返回：2

3. 累乘函数（＊）
语法：（＊num1 num2 num3 …numi）
功能：如果只有一个参数（＊num1），相当于 1＊num1；如果有多个参数，相当于 num1＊num2＊mum3＊…＊numi。
样例：_ $ （＊3 5）　　　　　　返回：15

4. 累除函数（/）
语法：（/ num1 num2 num3 …numi）
功能：如果只有一个参数（/num1），相当于 num1/1；如果有多个参数，相当于 num1/（num2＊mum3＊…＊numi）。
样例：_ $ （/ 80 2）　　　　　　返回：40

5. 加 1 函数（1＋）
语法：（1＋num）

功能：相当于 num+1。参数可以为整型或实型。该函数虽然等同于（+num1），但加一函数运算速度快，常用在步长为1的循环中。

样例：_$（1 + 5）　　　　　　返回：6

6. 减1函数（1-）

语法：（1-num）

功能：相当于 num-1。

样例：_$（1-5）　　　　　　返回：4

7. 绝对值函数（Abs）

语法：（abs num）

功能：求整型或实型常数、变量或表达式的绝对值。

样例：_$（abs-14.25）　　　　返回：14.25

8. 平方根函数（Sqrt）

语法：（sqrt num）

功能：求整型或实型常数、变量或表达式的平方根。

样例：_$（sqrt 100）　　　　返回：10.0

9. 幂函数（Expt）

语法：（expt x y）

功能：求 x^y 值，x 为底数，y 为指数。

样例：_$（expt 2 4）　　　　返回：16

10. 指数函数（Exp）

语法：（exp x）

功能：求 e^x 的值。

样例：_$（exp 1.0）　　　　返回：2.71818

11. 自然对数函数（Log）

语法：（log x）

功能：求自然对数 lnx 的值。

样例：_$（log 4.5）　　　　返回：1.50408

12. 正弦函数（Sin）

语法：（sin x）

功能：求 x 的正弦值。

样例：_$（sin1.0）　　　　返回：0.841471

13. 余弦函数（Cos）

语法：（cos x）

功能：求 x 的余弦值。

样例：_$（cos π）　　　　返回：-1.0

14. 反正切函数（Atan）

语法：（atan x）或（atan y x）

功能：求 arctanx 或 arctan（y/x）的值。

样例：_$（atan 1）　　　　返回：0.785398

15. 求余函数（Rem）

语法：（rem num1 num2 num3 …numi）

功能：求 num1 除以 num2 的余数，再求该余数除以 num3 的余数，直到求出除以 numi 的余数为止。

样例：_ $（rem 16 12.0）　　　返回：4.0

16. 最大公约数函数（Gcd）

语法：（gcd num1 num2 num3 … numi）

功能：求 num1、num2、num3、…、numi 的最大公约数。

样例：_ $（gcd 12 20）　　　返回：4

17. 最大值函数（Max）

语法：（max num1 num2 num3 … numi）

功能：求 num1、num2、num3、…、numi 的最大值。

样例：_ $（max 1 2.3 13）　　　返回：13.0

18. 最小值函数（Min）

语法：（min num1 num2 num3 … numi）

功能：求 num1、num2、num3、…、numi 的最小值。

样例：_ $（min 1 2.3 13）　　　返回：1.0

二、类型转换函数

1. 实型转化为整型的函数（Fix）

语法：（fix num）

功能：把常数、变量、表达式的值取整。

样例：_ $（fix 5.65）　　　返回：5

2. 整型转化为实型的函数（Float）

语法：（float num）

功能：把整型数据转换为实型。

样例：_ $（float 5）　　　返回：5.0

三、赋值函数

Setq 函数

语法：（setq symbol1 expression1 symbol2 expression2 …）

功能：将表达式（expression）的值赋给相应的符号（symbol）。

样例：_ $（setq c（expt Pi 2））　　返回：9.8696

注意，AutoLISP 规定用 Pi 表示圆周率 π。

四、绘图函数

普通的 LISP 语言并不具备绘图功能，Visual LISP 通过提供内部函数 Command，使得在 Visual LISP 程序中可以简单方便地调用几乎所有 AutoCAD 命令，从而使 Visual LISP 具有了强大的绘图功能。

Command 函数

语法：（command［arguments］…）

功能：执行一条 AutoCAD 命令。

样例：（command（"line" p1 p2 ""））

执行此命令将在 AutoCAD 中绘制一条直线 p1p2。

五、表处理函数

表（list）是 AutoLISP 语言中最基本的数据类型，所以表处理函数是相当有用的。

1. Car 函数

语法：（car list）

功能：返回表（list）中第一个元素。如果表（list）为空，则返回 nil。

样例：_ $（car（a b c））　　　返回：a

2. Cdr 函数

语法：（cdr list）

功能：返回去掉了第一个元素的表。如果表（list）为空，则返回 nil。

样例：_ $（cdr '（a b c））　　　返回：（b c）

Visual LISP 支持 Car 与 Cdr 函数的组合调用，组合深度最多可达 4 层，顺序为"从左到右"。函数组合中每一个"a"表示对 Car 函数调用一次，每一个"d"表示对 Cdr 函数调用一次，如：

（caar list）　　　等效于　　（car（car list））

（cdar list）　　　等效于　　（cdr（car list））

（cadar list）　　　等效于　　（car（cdr（car list）））

3. Last 函数

语法：（last list）

功能：返回表中最后一个元素。

样例：_ $（last '（a b c d））　　　　返回：d

4. Nth 函数

语法：（nth n list）

功能：返回表中第 n 个元素。

样例：_ $（nth 3 '（a b c d e））　　　　返回：d

5. Cons 函数

语法：（cons element list）

功能：向表头添加一个元素。

样例：_ $（cons 'a '（b c d e））　　　　返回：（a b c d e）

6. List 函数

语法：（list expression1 expression2 …）

功能：将所有的表达式按原顺序组合成一个表。如果没有表达式，函数返回值为 nil。

样例：_ $（list 'a 'b 'c）　　　　返回：（a b c）

7. Append 函数

语法：（Append list1 list2 …）

功能：将所有表中的元素按照原顺序组成一个新表。

样例：_ $ （Append '（a b） '（c d e）） 返回：（a b c d e）

8. Subst 函数

语法：（subst newitem olditem list）

功能：将表中所有的 olditem 元素以 newitem 元素替换。

样例：_ $ （subst 'b 'a '（a c d a）） 返回：（b c d b）

9. Reverse 函数

语法：（reverse list）

功能：将表中元素倒序并返回新表。

样例：_ $ （reverse '（a b c）） 返回：（c b a）

10. Foreach 函数

语法：（foreach symbol list expression）

功能：将表 list 中的元素依次赋给 symbol，同时对表达式 expression 求值，直至表的最后一个元素。返回最后一次 expression 的值。

样例：_ $ （foreach n '（1 2 3）（expt n 2））返回：9

六、交互式输入函数

1. Getint 函数

语法：（getint "提示"）

功能：暂停以等待用户输入一个整数并返回该整数。

样例：（getint "请输入一个整型数"）

2. Getreal 函数

语法：（getreal "提示"）

功能：暂停以等待用户输入一个实数并返回该实数。

样例：（getreal "请输入一个实型数"）

3. Getdist 函数

语法：（getdist "基点" "提示"）

功能：等待用户输入一个整型或实型数，并将该数转换为实型后返回。或者在绘图区指定两点，返回其距离。如果指定了基点，则在绘图区中选择一点，返回该点到基点的距离。

样例：（setq distance（getdist '（4.2 9.8） "How far?"））

4. Getpoint 函数

语法：（getpoint，（x y） "提示"）

功能：等待用户输入点坐标或在绘图区中拾取，并返回该点在当前坐标系下的三维坐标。

样例：（setq n （getpoint '（4.0 5.0） "Please input the second point:"））

5. Getangle 函数

语法：（getangle，（ ） "提示"）

功能：等待用户输入角度，然后以弧度形式返回该角度。该函数以逆时针方向测量零弧度方向（由系统变量"angbase"设置）和用户指定的两点确定的直线之间的角度。

样例：（setq angle（getangle '（4.2 6.4）"Which way"））

6. Getorient 函数

语法：（getorient，（x y）"提示"）

功能：等待用户输入角度，然后以弧度形式返回该角度。该函数以逆时针方向测量由用户指定的两点确定的直线与零弧度方向（正东方，即三点钟位置）之间的角度。一般来说，当需要一个旋转量（相对角度）时使用 Getangle 函数，而需要一个指定方向（绝对角度）时则使用 Getorient 函数。

样例：（getorient '（4.2 6.4）"拾取另一点："）

7. Iniget 函数

语法：（iniget　位值"关键字"）

功能：为随后的用户输入函数调用创建关键字。

位值为按位编码的整数，用于控制是否允许某些类型的用户输入。位值取值如表 16-3 所示。

表 16-3　位值取值

样例：（iniget 1"Yes"）

位　　值	含　　义
1（位 0）	禁止用户仅按回车键来响应输入请求
2（位 1）	禁止用户输入零值来响应输入请求
4（位 2）	禁止用户输入负值
8（位 3）	允许在图纸界限之外输入点
16（位 4）	当前不使用
32（位 5）	用虚线或其他加亮的线拉伸直线或者拉伸矩形框
64（位 6）	在使用 getdist 函数时，禁止输入 Z 坐标
128（位 7）	在不与其他位置和关键字冲突的情况下，允许任意输入

关键字只能由数值、字母和连字符组成，每个关键字与随后的关键字之间用一个或多个空格分隔。关键字可用两种方式定义其缩写字：一是将缩写字大写，如"Yes""No"；一是将整个关键字都大写，其后紧随逗号，再重复写上缩写字，如"EXIT，EX"。必须重复第一个字符，否则缩写字的定义是无效的。

8. Getword 函数

语法：（getword"提示"）

功能：等待用户输入一个关键字并返回该关键字。

样例：（initget 1"Yes No"）

　　　（setq x（getword"Are you sure？（Yes or No）"））

这段代码提示用户输入"Yes"或"No"，并将用户输入的字符存入变量 x。

七、Defun 函数

语法：（defun [function nsme]（argument1 argument2 …）

```
          [expression1]
          [expression2]
          …
   )
```

功能：定义一个函数。

样例：（defun drawline(/pt1 pt2) ;; local variables pt1 and pt2 are declared

    ;; get two points from the user

        （setq pt1（getpoint " \nEnter the start point for the line："）

        pt2（getpoint pt1 " \nEnter the end point for the line："）

        ）

    ;; check to see that the two points exist

    （if（and pt1 pt2）

    （command "_.line" pt1 pt2 ""）

    （princ " \nInvalid or missing points!"）

    ）

    ）

八、逻辑测试函数

1. 数值比较函数

语法：（functionname argument1 argument2 …）

功能：返回表达式的比较结果，具体如表16-4所示。

表16-4　数值比较函数

函数名	=	<	>	<=	>=	/=
含义	等于	小于	大于	小于等于	大于等于	不等于

样例：_ $（=（car '（a b)）a）　　　　　　　　返回：T

2. 逻辑运算函数

（1）And 函数

语法：（and expression1 expression2 …）

功能：返回表达式的逻辑与运算结果。

样例：_ $（and（/= 1.5 1.6）（= 'a 'a）（<= Pi 4)）　　返回：T

（2）Or 函数

语法：（or expression1 expression2 …）

功能：返回表达式的逻辑或运算结果。

样例：_ $（or（/= 1.5 1.6）（= 'a 'a）（<= Pi 4)）　　返回：nil

（3）Not 函数

语法：（not expression）

功能：检查一个表达式求值结果是否为 nil。如果表达式的值等于 nil，返回 T，否则返回 nil。

样例：_ $（not（=（caddr'（a b c))）' c)）　　　　返回：nil

3. 等值测试函数

（1）Eq 函数

语法：（eq expression1 expression2）

功能：判断两个表达式是否相同。如果表达式相同，返回 T，否则返回 nil。

样例：若（setq p1 '（a b c））（setq p2 '（a b c））（setq p3 p2），则：

_$（eq p3 p2）   返回：T

（2）Equal 函数

语法：（equal expression1 expression2 tolerance）

功能：判断两个表达式的值是否相同。参数 tolerance 为实数，用于定义两个表达式之间的最大允许误差。误差在此范围内时，仍认为二者相等。如果表达式相等（等同于一个数值），返回 T，否则返回 nil。

样例：若（setq p1 '（a b c））（setq p2 '（a b c））（setq p3 p2）（setq a 1.234567）（setq b 1.234568），则：

_$（equal p1 p2）   返回：T

_$（equal p3 p2）   返回：T

_$（equal a b）   返回：nil

_$（equal a b 0.000001）   返回：T

九、条件分支函数

1. If 函数

语法：（if condition
　　　　　expression1
　　　　　expression2
　　　　）

功能：根据条件的判断结果，对表达式求值。参数 condition 为要判断的表达式，expression1 为 condition 不等于 nil 时执行的表达式；expression2 为 condition 等于 nil 时执行的表达式。函数返回选定表达式的值。

样例：_$（if（= 1 3）"Yes" "No"）   返回：No

　　　_$（if（/= 1 3）"Yes" "No"）   返回：Yes

2. Progn 函数

语法：（progn expression1 expression2 …）

功能：顺序地对每一个表达式进行求值。函数返回最后一个表达式的值。

样例：（if（> Pi 3）（prong（car '（a b））（cdr '（a b）))） 返回：b

3. Cond 函数

语法：（cond　（condition1 expression1）
　　　　　　　（condition2 expression2）
　　　　　　　…
　　　　　　　）

功能：依次对每个 condition 进行求值，如果遇到不为 nil 的值，则执行对应的 expression，并返回其值。

样例：（setq x 1）

（cond （（> x 0）（setq y 1））

（（< x 0）（setq y -1））

（（= x 0）（setq y 0））

）   返回：1

十、循环函数

1. While 函数

语法：（while condition

expression1

expression2

…

）

功能：对表达式 condition 求值，如果它不是 nil，则执行循环体中的表达式，重复这个过程，直到表达式 condition 的求值结果为 nil。函数返回最后一个 expression 表达式的值。

样例：（setq x 1）

（while（< x 5）（setq x（1+ x）））

2. Repeat 函数

语法：（repeat int

expression1

expression2

…

）

功能：对循环体中的每一个表达式进行指定次数的求值计算。函数返回最后一个表达式的值。

样例：（setq a 10 b 100）

（repeat 4（setq a（+ a 10）（setq b（+ b 100）））   返回：500

第五节　Visual LISP 的程序结构

一、Visual LISP 语言特点

大多数程序语言采用中缀表示法，即将操作符放在两个操作数之间。例如，C 语言中，将 10 赋给变量 x 的表达式是 x = 10。而 Visual LISP 则采用前缀表示法，把操作符放在操作数之前，也就是"先说做什么，再说对谁做"。同时，将操作符（Visual LISP 内称为函数）与操作数（调用函数的参数）用圆括号括起来，用表的形式表达。将 10 赋给变量 x 在 Visual LISP 中表示为（setq x 10）。

Visual LISP 没有高级语言中的"语句"概念，相应的功能通过表来实现，所以 Visual

LISP 程序就是表的组合。另外，Visual LISP 中也没有"过程"的概念，而是通过自定义函数来实现。Visual LISP 的自定义函数也与其他语言中的函数不同，在 Visual LISP 中，函数也是表。下列代码定义了一个 Visual LISP 函数：

```
(defun drawline(/ pt1 pt2) ;; local variables pt1 and pt2 are declared
;; get two points from the user
    (setq pt1 (getpoint "\nEnter the start point for the line：")
        pt2 (getpoint pt1 "\nEnter the end point for the line：")
    )
    ;; check to see that the two points exist
    (if (and pt1 pt2)
    (command "_.line" pt1 pt2 "")
    (princ "\nInvalid or missing points!")
)
)
```

这段代码的意思是用户分别根据提示"the start point for the line："和"the end point for the line："输入开始点的坐标值和终点的坐标值，系统将在两点之间生成一条直线。

二、Visual LISP 内部函数的使用原则

1）内部函数必须放在表中，即放在括号中，并且括号必须配对。
2）内部函数必须是表的第一个元素，相当于发给 Visual LISP 解释程序的一条指令。
3）内部函数与参数、参数之间至少用一个空格分开。

三、Visual LISP 编程特点

1）一定要用空格将表内每个元素分隔开。上例中（and p1 p2）如果写成（andp1 p2），Visual LISP 程序解释器会把 andp1 当作函数处理，而 andp1 并不是 Visual LISP 的有效函数，从而导致错误。

2）可以用多行表示一个表，也可以在一行中表示多个表。Visual LISP 总是把配对括号内的元素作为一个表。某个表的括号如果不配对会引起整个程序的混乱。

3）除了字符串，Visual LISP 不区分大小写。但可以借鉴某些区分大小写语言的风格进行程序设计，以利于程序的阅读和调试。

4）Visual LISP 中可使用注释，注释以分号";"开始，所有分号后的内容都将被 Visual LISP 解释器忽略。注释可以方便阅读或修改程序，而且不会影响程序的运行速度。

第六节 Visual LISP 编程实例

一、实例 1：图纸初始化设置

利用以下的程序在绘图之前可进行图纸的初始化设置，得到相应的图纸幅面。

```
;;/------------------------------------------------------------  /
;;/ Border. lsp                                                   /
;;/ 本程序可以一次生成 A0～A4 号图纸,其中图名和            /
```

```
;;/ 和图签也同时生成                              /
;;/ 调用方法:BORDER 参数                          /
;;/ 参数:                                        /
;;/      A0       零号图纸                        /
;;/      A1       一号图纸                        /
;;/      A2       二号图纸                        /
;;/      A3       三号图纸                        /
;;/      A4       四号图纸                        /
;;/-------------------------------------------------------------/
(defun border (mark / scmd sblp p0 p1 p2 p3 p4 p5 p6 p7)
  ;;mark--参数
  (if (null sck)
    (alert " 请先运行\"初始化\"菜单!")
    (progn
      (setq scmd (getvar "cmdecho"))
      (setq sblp (getvar "blipmode"))
      (setvar "cmdecho" 0)
      ;;不显示命令行
      (setvar "blipmode" 0)
      ;;不显示点
      (setq p0 (list 0 0))
      ;;设定图纸第一点为p0
      (cond
        ((= mark "A4")
          (setq p1 (list 0 (* sck 297.0)))
          (setq p2 (list (* 210.0 sck) (* sck 297.0)))
          (setq p3 (list (* 210.0 sck) 0))
          (setvar "users1" "四号图")
        )
        ((= mark "A3")
          (setq p1 (list 0 (* sck 297.0)))
          (setq p2 (list (* 420.0 sck) (* sck 297.0)))
          (setq p3 (list (* 420.0 sck) 0))
          (setvar "users1" "三号图")
        )
        ((= mark "A2")
          (setq p1 (list 0 (* sck 420.0)))
          (setq p2 (list (* 594.0 sck) (* sck 420.0)))
          (setq p3 (list (* 594.0 sck) 0))
          (setvar "users1" "二号图")
        )
        ((= mark "A1")
          (setq p1 (list 0 (* sck 594.0)))
```

284

```
       (setq p2 (list ( * 841.0 sck) ( * sck 594.0)))
       (setq p3 (list ( * 841.0 sck) 0))
       (setvar "users1" "一号图")
    )
    (( = mark "A0")
       (setq p1 (list 0 ( * sck 841.0)))
       (setq p2 (list ( * 1189.0 sck) ( * sck 841.0)))
       (setq p3 (list ( * 1189.0 sck) 0))
       (setvar "users1" "零号图")
    )
 )
  (command "color" "15")
     ;;设定颜色为第15种色
     (command "pline" p0 "w" 0 "" p1 p2 p3 "c")
     ;;绘制图框
     (if ( =mark "A4")
    (setq p4 (list ( * 10.0 sck) ( * sck 10.0))
          p5 (list ( * sck 10.0) (-(cadr p1) ( * sck 10.0)))
    )
    ;;p4:图框粗线第一点 p5:图框粗线第二点
    (setq p4 (list ( * 25.0 sck) ( * sck 10.0))
          p5 (list ( * sck 25.0) (-(cadr p1) ( * sck 10.0)))
    )
     )
     (setq p6 (list (-(car p2) ( * sck 10.0)) (-(cadr p2) ( * sck 10.0))))
     )
     (setq p7 (list (-(car p3) ( * sck 10.0)) (+ (cadr p3) ( * sck 10.0))))
     )
     ;;p6:图框粗线第三点 p7:图框粗线第四点
     (command "pline" p4 "w" ( * 0.7 sck) "" p5 p6 p7 "c")
     ;;绘制粗框
     (if ( not ( = mark "A4"))
    ;;若图框为A4则不插入
    (progn
       (if (findfile "tittle1.dwg")
         (command "insert" "tittle1" p7 sck sck 0)
         ;;插入标题栏
       )
       (if (findfile "tittle2.dwg")
         (command "insert" "tittle2" p5 sck sck 0)
         ;;插入标题栏
       )
       (if (findfile "tittle3.dwg")
```

```
            (command "insert" "tittle3" p4 sck sck 0)
            ;;插入标题栏
        )
        (if (findfile "tittle4. dwg")
            (command "insert" "tittle4" p6 sck sck 0)
            ;;插入标题栏
        )
    )
    )
    (command "point" (list (-0 ( * sck 8)) (-0 ( * sck 8))))
    (command "zoom" "e")
    (command "color" "bylayer")
    ;;恢复颜色
    (setvar "blipmode" sblp)
    ;;恢复显示点
    (setvar "cmdecho" scmd)
    ;;恢复显示命令行
    (princ)
    )
    )
)
```

二、实例2：绘制法兰

法兰（Flange）是最常见的机械零件之一，在机械工程图样的绘制中，经常需要绘制法兰（Flange）的图样。本节以自动绘制如图16-5所示的法兰为例来进行编程说明。

设计要求：通过输入法兰的外圆半径、内圆半径、定位圆半径、均布小孔半径、数量和均布孔起始角度参数来绘制如图16-5所示的法兰。

以下是程序文件的详细说明。

(defun C：FLANGE（/ p1)

说明：defun函数是程序的开头固定语法。在此语法中，函数名称的格式为C：XXX，其中所有的字均须大写。同时名称中的"C："一定要永远固定。函数名称可自行选定，但此名称一定不得与AutoCAD现有命令、内部或外部命令名称重复。本程序命令的名称为"FLANGE"。

(setvar "cmdecho" 0)

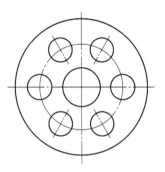

图16-5 法兰

说明：cmdecho是AutoCAD的系统变量，将此变量设为0可将执行AutoLISP的回应提示语句都关闭，以免影响操作者的操作。所有在AutoLISP程序里的系统变量设定，都是使用setvar函数来操作的。

(setq OUTR 0)

(setq INR 0)

(setq BC 0)

说明：先将变量 OUTR（法兰外圆半径）、INR（法兰内圆半径）和 BC（法兰定位圆半径）设为 0。

```
(setq p1 (getpoint "\n 请输入 Flange 的中心点:"))
(setq OUTR (getdist p1 "\n 请输入 Flange 的外圆半径:"))
(command "circle" p1 OUTR)
```

说明：提示操作者输入圆心点和外圆半径等数据，并将数据分别放在变量 p1 和 OUTR 中。然后，立刻绘制出法兰的外圆轮廓。

```
(setq INR (getdist p1 "\n 请输入 Flange 的内圆半径:"))
```

说明：继续提示操作者输入法兰的内圆半径，并将数据放在变量 INR 中。

```
(while (> INR OUTR)
    (prompt "\n 错误！内圆半径大于外圆半径!")
    (setq INR (getdist p1 "\n 请输入 Flange 的内圆半径:"))
)
```

说明：使用 while 函数来判断用户输入的内径是否大于外径。若是，请用户重新输入内圆半径，直到内径小于外径为止。

```
(command "circle" p1 INR)
```

说明：判断通过后，绘制内圆。

```
(setq bad T)
(while bad
    (setq A nil)
    (setq B nil)
    (setq BC (getdist p1 "\n 通过圆孔中心的中心线:"))
    (if(> BC OUTR)
      (prompt "\n 错误！圆孔半径超过 Flange 外圆。")
      (setq A T)
    )
    (if(< BC INR)
      (prompt "\n 错误！圆孔半径小于 Flange 内圆。")
      (setq B T)
    )
    (if(and A B)
      (setq bad nil)
    )
)
(command "circle" p1 BC)
```

说明：画出法兰均布圆孔的定位圆，此定位圆半径必须介于法兰外圆半径和法兰内圆半径之间。因此，上面的程序运用 while 函数和 if 函数设计了循环和判定条件来保证这一要求，最后绘制出定位圆。

```
(setq SH (getreal "\n 圆孔半径:"))
(setq NHI (getint "\n 圆孔数:"))
(setq NH (float NHI))
(setq SA (getangle p1 "\n 第一个圆孔的起始角度:"))
```

（setq p2 （polar p1 SA BC））

（command "circle" p2 SH）

（command "Array" "L" "" "C" p1 （/ 360.0 NH) NHI ""）

说明：使用 Array 命令，按操作者所给予的圆孔的起始角度、圆孔半径、圆孔数绘制出均布孔。注意，在 AutoLISP 中一般是不用角度制来计算的，因此，在 Array 命令的语法中，当回答角度时，必须将角度制换算成弧度制。

）

说明：补全 defun 函数的对称括号。

这一实例用到了防止用户错误输入的函数和语法。while 函数的含义为如果不满足其后的条件，就一直重复执行，直到满足该条件为止。这种语法形式称为循环。在程序设计中，必须让循环能够跳出来，否则就成为死循环，称为逻辑错误。这种错误在程序中往往很难发现，因此在程序设计中一定要注意。if 函数也是很重要的语法之一。这个函数的用法可表述为如果满足后面的条件句，就执行 1，2，…，否则就执行 A，B，…。While 函数和 If 函数是很重要的语法，一定要注意掌握它们的正确用法。

习　　题

16-1　怎样启动和退出 Visual LISP？

16-2　加载和运行一个 AutoLISP 程序。

16-3　Visual LISP 的数据类型有哪几种？

16-4　调用算术运算函数时，为什么要把参数由整型转换为实型？

16-5　把实型数转换为整型数时需注意什么问题？

16-6　Eq 函数和 Equal 函数有什么区别？

16-7　Visual LISP 内部函数的使用原则是什么？

16-8　Visual LISP 编程中需要注意哪些问题？

16-9　编写一个程序，该程序可以提示用户输入一个矩形的两个对角点的坐标，然后画出该矩形。

16-10　编写一个程序，提示用户输入圆的半径和圆心点的坐标值然后绘制该圆并在外面绘制一个等边三角形，如图 16-6 所示。其中，等边三角形的三条边与圆相切。

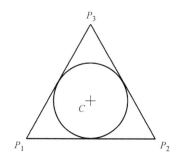

图 16-6　编程练习

参 考 文 献

[1] 天工在线. 中文版 AutoCAD 2018 机械设计从入门到精通：实战案例版 [M]. 北京：中国水利水电出版社，2018.

[2] 汤爱君，段辉，陈清奎，等. AutoCAD2017 中文版工程制图 [M]. 北京：机械工业出版社，2018.

[3] 张敏，赵晓峰，宫晓峰. AutoCAD 绘制机械标准图样 150 例 [M]. 北京：化学工业出版社，2009.

[4] 钟日铭. UG NX 9.0 基础教程 [M]. 北京：机械工业出版社，2014.

[5] 徐晓刚，高兆法，王秀娟. Visual C++6.0 入门与提高 [M]. 北京：清华大学出版社，2000.